国网冀北电力有限公司劳模先进事迹集

闪亮的名字

国网冀北电力有限公司 编

中国水利水电出版社
www.waterpub.com.cn

·北京·

内 容 提 要

国网冀北电力有限公司成立至今，公司内部涌现出无数扎根岗位无私奉献的优秀电力人，其中不乏获得国家级劳动奖项的突出贡献者。在公司成立十周年之际，特以这些先进劳动模范为典型案例，向全公司、全社会宣扬敬业爱国的优秀品质以及艰苦奋斗的光荣传统，以此鼓励和引导更多的劳动者向他们看齐，更好地为电力能源事业作出贡献、为祖国昌盛不懈奋斗。全书共收录90名历年来荣获各类奖项的公司先进职工。全书分为两部分：第一部分展示了劳动模范的风采，让读者认识、了解劳动模范的基本情况；第二部分详细介绍了每一位劳动模范的事迹、经历、闪光点，以便读者在更深层次了解他们的同时引起共鸣，起到宣传教育作用。

图书在版编目（CIP）数据

闪亮的名字：国网冀北电力有限公司劳模先进事迹集 / 国网冀北电力有限公司编. -- 北京：中国水利水电出版社，2022.12
ISBN 978-7-5226-1336-9

Ⅰ．①闪… Ⅱ．①国… Ⅲ．①电力工业－先进工作者－先进事迹－河北 Ⅳ．①K826.16

中国国家版本馆CIP数据核字(2023)第015131号

书　　名	**闪亮的名字——国网冀北电力有限公司劳模先进事迹集** SHANLIANG DE MINGZI——GUOWANG JIBEI DIANLI YOUXIAN GONGSI LAOMO XIANJIN SHIJI JI
作　　者	国网冀北电力有限公司　编
出版发行	中国水利水电出版社 （北京市海淀区玉渊潭南路1号D座　100038） 网址：www.waterpub.com.cn E-mail：sales@mwr.gov.cn 电话：(010) 68545888（营销中心）
经　　售	北京科水图书销售有限公司 电话：(010) 68545874、63202643 全国各地新华书店和相关出版物销售网点
排　　版	中国能源传媒集团·会展出版部
印　　刷	河北鑫彩博图印刷有限公司
规　　格	185mm×260mm　16开本　18.75印张　364千字
版　　次	2022年12月第1版　2022年12月第1次印刷
定　　价	**100.00元**

编 委 会

主　　任：张　玮

副 主 任：徐其春

委　　员：郝永华　陈永利　王　凯　张忠民　殷启国　郭　佳

　　　　　许常顺　周　毅　李　珊　孟德强　张建波　孙志杰

　　　　　张继东　赵　鑫　朱全友　黄一鸣　刘　洋　苏雅维

　　　　　杜　宝　周稼康　张　婧

主　　编：郝永华　陈永利

编写人员：高　贵　赵　彤　朱梦鸽　刘　锦　马伯乐　宋　堃

　　　　　蒋建刚　沈耀阳　王羽凝　张合川　李　超　李彩云

前　言

榜样是什么？

榜样是光。

榜样是信仰的引领者和践行者。

榜样是一个国家发展壮大的牢固基石，是一个民族生生不息的精神支柱，更是一个企业、一个集体的丰碑和勋章。

有这么一群平凡却又不凡的人，他们用辛勤的汗水、无悔的青春、默默的付出、无私的奉献，让冀北大地闪耀光芒。

敢为人先者，可登高而指鳌头；

敢为砥柱者，可沉心而待勇进；

正可谓摧锋于正锐，挽澜于极危。

他们就在你我的身边，散发着温暖的光，在这光里，人们看到了方向和希望。榜样的力量是无穷的，特别是在孕育这些榜样的文化土壤之上，没有任何一种凝聚力可以媲美榜样文化的作用，没有任何一种教育可以像榜样文化一样释放出源源不断的正能量。

在这里，我们对国网冀北电力有限公司自 2012 年成立以来，荣获"全国劳动模范""河北省劳动模范""北京市劳动模范""中央企业劳动模范""国家电网公司劳动模范""全国五一劳动奖章""河北省五一劳动奖章""首都劳动奖章"八大类荣誉称号的 90 名劳动模范先进典型事迹进行全方位展示，让读者从中感受榜样力量。伟大时代呼唤伟大精神，崇高事业需要榜样引领。正是这束光，引领着我们在追求与超越中走向一个又一个光荣的顶点，让我们汇聚起无穷的力量，振奋起干事创业的精神，挺起企业发展的脊梁。

这，正是榜样的力量。

回眸过去，无上荣光。我们无比自豪，我们更有力量。因为，在我们共同奉献与守护的冀北广袤土地上，有了光，就有了方向，有了脚下的土壤，光也就能愈发绽放！

国网冀北电力有限公司

2022 年 9 月

目录

前　言

1　**全国劳动模范**

刘志军　　　　　　　　　　　　　　2
祁春风　　　　　　　　　　　　　　3
李　征　　　　　　　　　　　　　　4
庞　博　　　　　　　　　　　　　　5
高会民　　　　　　　　　　　　　　6

2　**河北省劳动模范**

万广军　　　　　　　　　　　　　　8
王立生　　　　　　　　　　　　　　9
王世君　　　　　　　　　　　　　　10
王立国　　　　　　　　　　　　　　11
王玉涛　　　　　　　　　　　　　　12
孙中华　　　　　　　　　　　　　　13
邢东宇　　　　　　　　　　　　　　14
刘会生　　　　　　　　　　　　　　15
吕军杰　　　　　　　　　　　　　　16
许学超　　　　　　　　　　　　　　17
任　俊　　　　　　　　　　　　　　18
任燕鹏　　　　　　　　　　　　　　19
李木文　　　　　　　　　　　　　　20
张永祥　　　　　　　　　　　　　　21
张西术　　　　　　　　　　　　　　22
李　良　　　　　　　　　　　　　　23
张振生　　　　　　　　　　　　　　24
杨　榆　　　　　　　　　　　　　　25
孟宪春　　　　　　　　　　　　　　26
赵国良　　　　　　　　　　　　　　27

郝祥钧　　　　　　　　　　　　　　　28

徐士东　　　　　　　　　　　　　　　29

郭宏伟　　　　　　　　　　　　　　　30

郭金智　　　　　　　　　　　　　　　31

唐　洁　　　　　　　　　　　　　　　32

曹　伟　　　　　　　　　　　　　　　33

崔吉清　　　　　　　　　　　　　　　34

扈希敬　　　　　　　　　　　　　　　35

程　武　　　　　　　　　　　　　　　36

蔡　超　　　　　　　　　　　　　　　37

3　　**北京市劳动模范**

朱亚林　　　　　　　　　　　　　　　39

郭　良　　　　　　　　　　　　　　　40

4　　**中央企业劳动模范**

张　帆　　　　　　　　　　　　　　　42

吴顺安　　　　　　　　　　　　　　　43

5　　**国家电网公司劳动模范**

马增茂　　　　　　　　　　　　　　　45

王志宇　　　　　　　　　　　　　　　46

王新彤　　　　　　　　　　　　　　　47

王德林　　　　　　　　　　　　　　　48

史永宏　　　　　　　　　　　　　　　49

刘文增　　　　　　　　　　　　　　　50

目录

刘汉民 51

刘 冰 52

闫承山 53

刘学文 54

张东亮 55

李 达 56

张陆军 57

张宝华 58

李国武 59

李 信 60

杜维柱 61

来 骥 62

林 晋 63

周维丽 64

赵志远 65

施贵荣 66

郭中山 67

袁绍军 68

高轶鹏 69

贾聪彬 70

梁 吉 71

康健民 72

黄葆华 73

6 "全国五一劳动奖章"获得者

刘晓辉 75

杨 旭 76

张庚喜 77

7 "河北省五一劳动奖章"获得者

于 会	79
么瑞秋	80
王 伟	81
王 玮	82
齐火箭	83
陈有双	84
李振军	85
轩景刚	86
战秀河	87
贾卫华	88
高靖伟	89
梁凤敏	90

8 "首都劳动奖章"获得者

许鸿飞	92
刘 辉	93
宋 鹏	94
郑 毅	95
金 燊	96
赵振宁	97
魏晓伟	98

（以上劳动模范排名不分先后）

目录

9　"全国劳动模范"先进事迹

念兹在兹守初心　笃定前行担使命——记"全国劳动模范"刘志军　　100

履职尽责守初心——记"全国劳动模范"祁春风　　102

以初心　致匠心　暖人心——记"全国劳动模范"李征　　104

用赤子之心点亮万家灯火——记"全国劳动模范"庞博　　106

高压线上的"舞者"——记"全国劳动模范"高会民　　108

10　"河北省劳动模范"先进事迹

一"网"情深铸品牌——记"河北省劳动模范"万广军　　111

始于初心　臻于匠心——记"河北省劳动模范"王立生　　113

锲而不舍　精益求精——记"河北省劳动模范"王世君　　115

追求不懈创新不断　爱岗敬业乐于奉献——记"河北省劳动模范"王立国　　117

立足岗位　奋发争先——记"河北省劳动模范"王玉涛　　119

弘扬劳模精神　争当时代先锋——记"河北省劳动模范"孙中华　　121

一直在路上——记"河北省劳动模范"邢东宇　　123

把每件事都做得完美——记"河北省劳动模范"刘会生　　125

让工匠精神在农网一线闪光——记"河北省劳动模范"吕军杰　　127

越是艰辛越向前——记"河北省劳动模范"许学超　　129

勤中力学如力耕——记"河北省劳动模范"任俊　　131

冲锋在前的一面旗帜——记"河北省劳动模范"任燕鹏　　133

知行合一　守正笃实　抒写不一样的人生——记"河北省劳动模范"李木文　　135

到基层成长　在一线闪光——记"河北省劳动模范"张永祥　　137

安全生产的"守护神"——记"河北省劳动模范"张西术　　139

埋头奋蹄勇向前 不负时代不负党——记"河北省劳动模范"李良　　141

勤学苦练成就电力行业技术尖兵——记"河北省劳动模范"张振生　　143

恒守初心 甘做"拼命三郎"——记"河北省劳动模范"杨榆　　145

初心传温暖 铁臂托光明——记"河北省劳动模范"孟宪春　　147

丹心未泯创新愿 薪火相传求是辉 ——记"河北省劳动模范"赵国良　　149

他让人人都说好——记"河北省劳动模范"郝祥钧　　151

用半生青春点亮万家灯火——记"河北省劳动模范"徐士东　　153

变电检修一线的技术带头人——记"河北省劳动模范"郭宏伟　　155

坚守初心使命 彰显实干本色——记"河北省劳动模范"郭金智　　157

勤耕不辍的电网守卫官——记"河北省劳动模范"唐洁　　159

咬定青山不放松——记"河北省劳动模范"曹伟　　161

胸有宏志敢担当——记"河北省劳动模范"崔吉清　　163

用心点亮万家灯火——记"河北省劳动模范"扈希敬　　165

当好电力先行官 铺好经济发展路——记"河北省劳动模范"程武　　167

奋战在创新路上的"排头兵"——记"河北省劳动模范"蔡超　　169

11　"北京市劳动模范"先进事迹

平凡岗位上的不平凡——记"北京市劳动模范"朱亚林　　172

弄潮儿勇立潮头——记"北京市劳动模范"郭良　　174

12　"中央企业劳动模范"先进事迹

惟创新者胜——记"中央企业劳动模范"张帆　　177

雄关漫道真如铁 而今迈步从头越——记"中央企业劳动模范"吴顺安　　179

目录

13   **"国家电网公司劳动模范"先进事迹**

改革创新 砥砺奋进——记"国家电网公司劳动模范"马增茂   182

路在脚下 走在前列——记"国家电网公司劳动模范"王志宇   184

电网设备的"守护神"——记"国家电网公司特级劳动模范"王新彤   186

"金扳手"王德林——记"国家电网公司劳动模范"王德林   188

锐意进取 开拓创新——记"国家电网公司劳动模范"史永宏   190

"四特"电网人——记"国家电网公司劳动模范"刘文增   192

新能源创新前沿的耕耘者——记"国家电网公司劳动模范"刘汉民   194

用心苦锤炼 十年磨一剑——记"国家电网公司劳动模范"刘冰   196

企业的领跑者——记"国家电网公司劳动模范"闫承山   198

始于初心 甘于奉献——记"国家电网公司劳动模范"刘学文   200

永不消逝的电网铁军精神——记"国家电网公司劳动模范"张东亮   202

匠心筑梦勇担当——记"国家电网公司劳动模范"李达   204

尽职尽责 干出精彩——记"国家电网公司劳动模范"张陆军   206

特高压建设的"开路先锋"——记"国家电网公司劳动模范"张宝华   208

霜雪凝额眉 星夜路不停——记"国家电网公司劳动模范"李国武   210

铿锵之花 砥砺绽放——记"国家电网公司劳动模范"李信   212

营销无小事——记"国家电网公司劳动模范"杜维柱   214

网络安全的"守门人"——记"国家电网公司劳动模范"来骥   216

做电力发展最坚实的奠基石——记"国家电网公司劳动模范"林晋   218

勇于担当展作为 敢为人先创佳绩——记"国家电网公司劳动模范"周维丽   220

输电"硬"汉——记"国家电网公司劳动模范"赵志远   222

三十五载精心调控 甘做电网守护者——记"国家电网公司劳动模范"施贵荣   224

精彩人生中的一座"山"——记"国家电网公司劳动模范"郭中山   226

用青春谱写电网发展蓝图——记"国家电网公司劳动模范"袁绍军   228

责任藏于心 热血抵于怀——记"国家电网公司劳动模范"高轶鹏   230

最年轻的特高压"排头兵"——记"国家电网公司劳动模范"贾聪彬   232

不忘初心 勇于担当 做好安全"排头兵"——记"国家电网公司劳动模范"梁吉   234

电网建设的"能力者"——记"国家电网公司劳动模范"康健民   236

不忘初心 方得始终——记"国家电网公司劳动模范"黄葆华   238

14 "全国五一劳动奖章"获得者先进事迹

企业的领头雁 员工的贴心人——记"全国五一劳动奖章"获得者刘晓辉   241

戎装保家卫国 工装守护电网——记"全国五一劳动奖章"获得者杨旭   243

精益求精的"电缆医生"——记"全国五一劳动奖章"获得者张庚喜   245

15 "河北省五一劳动奖章"获得者先进事迹

精于细节 做职工心里的"保护伞"——记"河北省五一劳动奖章"获得者于会   248

心存百姓的"金牌电管家"——记"河北省五一劳动奖章"获得么瑞秋   250

致力于新 践行于实——记"河北省五一劳动奖章"获得者王伟   252

勇攀高峰铸匠心——记"河北省五一劳动奖章"获得者王玮   254

创新实干的电力"工匠"——记"河北省五一劳动奖章"获得者齐火箭   256

匠心筑梦三十载——记"河北省五一劳动奖章"获得者陈有双   258

把事办在员工心坎上的好干部——记"河北省五一劳动奖章"获得者李振军   260

心中有责方为艺——记"河北省五一劳动奖章"获得者轩景刚   262

开拓路上攀高峰——记"河北省五一劳动奖章"获得者战秀河   264

服务新农村 安居一方百姓——记"河北省五一劳动奖章"获得者贾卫华   266

万家灯火的守护者——记"河北省五一劳动奖章"获得者高靖伟   268

一个踏实做事的人——记"河北省五一劳动奖章"获得者梁凤敏   270

目录

16 **"首都劳动奖章"获得者先进事迹**

"一线窗口"当哨兵——记"首都劳动奖章"获得者许鸿飞　　　　　273

首都清洁供电"护航者"——记"首都劳动奖章"获得者刘辉　　　　275

攻坚克难　玉汝于成——记"首都劳动奖章"获得者宋鹏　　　　　277

敬业　精益　专注　创新——记"首都劳动奖章"获得者郑毅　　　279

奋斗的"燊"影最美——记"首都劳动奖章"获得者金燊　　　　　281

金光闪闪的正能量——记"首都劳动奖章"获得者赵振宁　　　　　283

勇于创新　甘于奉献　争做新时代电力"工匠"——记"首都劳动奖章"获得者魏晓伟　285

1

全国劳动模范

全国劳动模范

刘志军

刘志军，男，汉族，1977年12月出生，中共党员。1999年参加工作，现任国网张家口供电公司副总工程师兼国网张家口市崇礼区供电公司经理、党委副书记。2014年荣获"崇礼县劳动模范"称号；2018年荣获"国家电网公司共产党员服务队优秀队长"称号；2018年荣获"国网张家口供电公司先进个人"称号；2019年荣获"河北省劳动模范"称号；2020年荣获"全国劳动模范"称号。

全国劳动模范

　　祁春风，男，满族，1968 年 9 月出生，中共党员。1993 年参加工作，现任国网冀北电力有限公司工会兼职副主席，国网承德供电公司安全总监、安监部主任。1999 年荣获"河北省劳动模范"称号；2015 年荣获"全国劳动模范"称号；2018 年当选第十三届全国人大代表。

全国劳动模范

李 征

　　李征，男，汉族，1978年2月出生，中共党员。2000年参加工作，现任国网唐山供电公司二次检修中心二次运检一班副班长。2016年荣获"全国五一劳动奖章"；2018年荣获"国网工匠"称号、"河北工匠"称号；2020年荣获"全国劳动模范"称号；2021年荣获"电力行业百名工匠"称号。

全国劳动模范

庞　博

庞博，男，汉族，1975年7月出生，中共党员。1999年参加工作，现任国网冀北经研院党委书记、副院长。2013年荣获"公司优秀专家人才"称号；2016年荣获"河北省五一劳动奖章"；2017年荣获"全国五一劳动奖章""感动冀北电力年度十大人物"称号；2020年荣获"全国劳动模范"称号；2022年担任北京冬奥会火炬手，荣获"国家电网公司北京冬奥会和冬残奥会'电力保障先进个人'"称号。

全国劳动模范

高会民

　　高会民，男，汉族，1971年5月出生，中共党员。1995年参加工作，现任国网秦皇岛供电公司输电运检中心输电检修二班班长。2014年荣获"河北省劳动模范"称号；2015年荣获"河北省突出贡献技师"称号；2016年荣获"中国电力行业联合会技术能手"称号；2017年荣获"全国五一劳动奖章"；2019年荣获"国网工匠"称号；2020年荣获"全国劳动模范"称号。

2

河北省劳动模范

河北省劳动模范

万广军

万广军，男，满族，1963 年 2 月出生，中共党员。1996 年参加工作，现任国网遵化市供电公司三级协理。2012 年荣获"唐山市劳动模范"称号、"公司'三集五大'体系建设突出贡献奖"；2013 年荣获"公司先进生产（工作）者"称号；2014 年荣获"河北省劳动模范"称号。

河北省劳动模范

　　王立生，男，汉族，1971年6月出生，中共党员。1991年参加工作，现任国网张家口供电公司输电运检中心输电检修技术高级师。2013年荣获"河北省能工巧匠"称号；2016年荣获"河北省五一劳动奖章"；2019年荣获"河北省劳动模范"称号。

河北省劳动模范

王世君

王世君，男，汉族，1972年5月出生，中共党员。1995年参加工作，现任国网承德供电公司总经理助理兼经济技术研究所（设计公司）所长。2004年荣获"承德市劳动模范"称号；2012年、2015年分别荣获"公司'三集五大'体系建设先进个人"称号；2013年荣获"承德市五一劳动奖章"；2014年荣获"河北省劳动模范"称号。

河北省劳动模范

王立国

王立国，男，汉族，1980年4月出生，中共党员。2002年参加工作，现任国网兴隆县供电公司六道河镇供电所所长。2014年荣获"承德市劳动模范"称号、"承德好青年"称号；2019年荣获"河北省劳动模范"称号。

王玉涛

　　王玉涛，男，汉族，1976年12月出生，中共党员。1998年参加工作，现任国网大厂县供电公司运维检修部主任、党支部书记。2015年荣获"廊坊市十大杰出工人"称号、"廊坊市劳动模范"称号；2019年荣获"河北省劳动模范"称号。

河北省劳动模范

孙中华，男，汉族，1973 年 4 月出生，中共党员。1993 年参加工作，现任国网永清县供电公司永清镇供电所所长、党支部书记。2017 年荣获"河北省五一劳动奖章"；2019 年荣获"河北省劳动模范"称号。

河北省劳动模范

邢东宇

邢东宇，男，汉族，1970年4月出生，中共党员。1987年参加工作，现任国网唐山供电公司配电运检中心配电带电作业一班班长。2012年荣获"公司优秀服务之星"称号；2015年、2017年分别荣获"国家电网公司优秀班组长"称号；2018年荣获"河北省五一劳动奖章"；2019年荣获"河北省劳动模范"称号。

河北省劳动模范

刘会生

　　刘会生，男，汉族，1970 年 12 月出生，中共党员。1991 年参加工作，现任国网廊坊供电公司香河县供电分公司经理。2018 年荣获"河北省五一劳动奖章"；2019 年荣获"河北省劳动模范"称号。

河北省劳动模范

吕军杰

　　吕军杰，男，汉族，1967 年 10 月出生，中共党员。1984 年参加工作，现任国网唐山市丰润区供电公司安全总监、安监部主任。2016 年荣获"河北省五一劳动奖章"；2017 年荣获"河北省能工巧匠"称号；2019 年荣获"河北省劳动模范"称号。

河北省劳动模范

许学超

　　许学超，男，汉族，1971年2月出生，中共党员。1989年参加工作，现任国网霸州市供电公司运维检修部主任、党支部书记。2014年荣获"河北省劳动模范"称号。

河北省劳动模范

任 俊

　　任俊，男，汉族，1977年9月出生，中共党员。1999年参加工作，现任国网张家口供电公司二次检修中心主任、党支部书记。2010年荣获"全国电力行业技术能手"称号、"全国青年岗位能手"称号、"河北省杰出青年岗位能手"称号；2014年荣获"河北省劳动模范"称号；2016年荣获"感动冀北电力年度十大人物"称号。

河北省劳动模范

任燕鹏

　　任燕鹏，男，汉族，1979年7月出生，中共党员。1999年参加工作，现任国网冀北电力有限公司党委党建部副主任。2007年荣获"张家口市劳动模范"称号；2018年荣获"国家电网公司脱贫攻坚突出个人"称号、"张家口市脱贫攻坚先锋榜先锋个人"称号；2019年荣获"公司劳动模范"称号、"河北省劳动模范"称号。

河北省劳动模范

李木文

　　李木文，男，汉族，1970年2月出生，中共党员。1993年参加工作，现任国网秦皇岛供电公司副总工程师、安全总监、安监部主任。2015年荣获"公司先进工作者"称号、"秦皇岛市劳动模范"称号；2017年荣获"国家电网公司安全生产先进个人"称号、"河北省安全生产志愿服务先进工作者"称号；2019年荣获"河北省劳动模范"称号。

河北省劳动模范

张永祥，男，汉族，1974 年 6 月出生，中共党员。1988 年参加工作，现任国网固安县供电公司党委书记、副经理。2010 年荣获"文安县勤廉兼优先进个人"称号；2011 年荣获"国网廊坊供电公司优秀员工"称号；2012 年荣获"廊坊市新长征突击手"称号、"文安县先进人大代表"称号；2013 年荣获"廊坊市第三届十大杰出工人"称号；2014 年荣获"河北省劳动模范"称号。

张西术

　　张西术，男，汉族，1965 年 6 月出生，中共党员。1987 年参加工作，现任国网冀北超高压公司二级职员。2011 年荣获"全国电力行业设备管理先进工作者"称号；2014 年荣获"河北省劳动模范"称号。

河北省劳动模范

李 良

　　李良，男，汉族，1970年1月出生，中共党员。1988年参加工作，现任国网唐山市曹妃甸区供电公司副经理。2008年荣获"唐山市劳动模范"称号、"唐山市'护电'先进个人"称号；2003—2013年连续荣获"国网唐山市曹妃甸区供电公司先进工作者"称号；2014年荣获"河北省劳动模范"称号。

河北省劳动模范

张振生

　　张振生，男，汉族，1976 年 8 月出生，群众。1996 年参加工作，现任唐山电力建筑安装有限公司曹妃甸中兴分公司工程组长。2013 年荣获"唐山市能工巧匠"称号；2014 年荣获"唐山市劳动模范"称号；2019 年荣获"河北省劳动模范"称号。

河北省劳动模范

杨榆

　　杨榆，男，汉族，1972年9月出生，中共党员。1991年参加工作，现任国网阳原县供电公司发展部主任。2009年荣获"张家口市劳动模范"称号；2010年荣获"张家口市劳动模范"称号；2019年荣获"河北省劳动模范"称号；2020年荣获"河北好人"称号。

河北省劳动模范

孟宪春

　　孟宪春，男，汉族，1969 年 8 月出生，中共党员。1986 年参加工作，现任国网三河市供电公司经理、党委副书记。2015 年荣获"国家电网公司'四交'特高压工程先进个人"称号；2017 年荣获"国家电网公司优秀共产党员"称号；2019 年荣获"河北省劳动模范"称号。

河北省劳动模范

赵国良

　　赵国良，男，汉族，1968 年 4 月出生，中共党员。1985 年参加工作，现任国网承德供电公司输电运检中心副主任。2008 年荣获"全国电力行业技术能手"称号；2012 年荣获"河北省能工巧匠"称号；2013 年荣获"中央企业劳动模范"称号；2014 年荣获"河北省劳动模范"称号。

河北省劳动模范

郝祥钧

　　郝祥钧，男，汉族，1971 年 1 月出生，中共党员。1990 年参加工作，现任国网廊坊供电公司综合服务中心四级职员。2013 年荣获"河北省加强基层建设年活动优秀驻村工作队员"称号；2014 年荣获"河北省劳动模范"称号。

河北省劳动模范

徐士东

　　徐士东，男，汉族，1968年8月出生，中共党员。1992年参加工作，现任廊坊明源电力工程有限公司监事会主席、党委委员。2010年荣获"廊坊市优秀党务工作者"称号；2011年荣获"环京津文明城镇群先进个人"称号、"华北电网有限公司优秀党务工作者"称号、"国网廊坊供电公司优秀党务工作者"称号；2012年荣获"华北电网有限公司优秀党务工作者"称号、"廊坊市劳动模范"称号、"廊坊市'创先争优十佳党务工作者'"称号；2013年荣获"公司优秀党务工作者"称号；2014年荣获"河北省劳动模范"称号。

河北省劳动模范

郭宏伟

郭宏伟，男，汉族，1981年2月出生，中共党员。2002年参加工作，现任国网秦皇岛供电公司变电检修中心变电检修二班班长。2017年荣获"河北省能工巧匠""秦皇岛市金牌工人"称号；2018年荣获"河北省突出贡献技师"称号、"秦皇岛市优秀共产党员"称号、"国家电网公司优秀班组长"称号、"公司优秀共产党员"称号；2019年荣获"河北省劳动模范"称号。

河北省劳动模范

郭金智，男，汉族，1979 年 11 月出生，中共党员。2004 年参加工作，现任国网冀北电力有限公司发展部主任。2010 年荣获"第二十届北京优秀青年工程师"称号；2015 年荣获"国家电网公司专业领军人才"称号；2020 年荣获"河北省劳动模范"称号；2021 年荣获"全国优秀共产党员"称号。

河北省劳动模范

唐 洁

　　唐洁，男，汉族，1972 年 10 月出生，中共党员。1995 年参加工作，现任国网唐山市曹妃甸区供电公司经理助理。2017 年荣获"河北省五一劳动奖章"；2019 年荣获"河北省劳动模范"称号。

河北省劳动模范

曹 伟

　　曹伟，男，汉族，1971 年 12 月出生，中共党员。1994 年参加工作，现任国网冀北电力有限公司副总经理、党委委员。2019 年荣获"2014—2018 年促进唐山高质量发展先进个人（劳动模范）"称号、"河北省劳动模范"称号。

河北省劳动模范

崔吉清

崔吉清，男，汉族，1971年2月出生，中共党员。1986年参加工作，现任博望公司二级职员。他先后荣获"全国'安康杯优秀组织者'"称号、"廊坊市劳动模范"称号、"廊坊市优秀共产党员"称号、"廊坊市先进个人"称号、"公司纪检监察先进工作者"称号、"河北省劳动模范"称号、"河北省企业诚信建设优秀工作者"称号。

河北省劳动模范

扈希敬

　　扈希敬，男，汉族，1963 年 9 月出生，中共党员。1980 年参加工作，现任国网唐山市丰润区供电公司三级协理。2006 年、2009 年、2013 年分别荣获"振兴唐山立功竞赛三等功"；2012 年荣获"唐山市创建全国文明城市先进个人""唐山市劳动模范"称号；2014 年荣获"河北省劳动模范"称号。

河北省劳动模范

程 武

　　程武，男，汉族，1968年8月出生，中共党员。1990年参加工作，现任国网廊坊供电公司运维检修部主任。2015年荣获"国家电网公司优秀党务工作者"称号；2017年荣获"公司先进工作者"称号；2019年荣获"河北省劳动模范""公司营销（农电）工作先进个人"称号。

河北省劳动模范

　　蔡超，男，汉族，1979 年 8 月出生，中共党员。2001 年参加工作，现任国网廊坊供电公司信息通信分公司副经理。2014 年荣获"国网廊坊供电公司优秀员工"称号；2015 年荣获"国家电网公司技术类优秀专家人才后备"称号；2015 年、2017 年分别荣获"国网廊坊供电公司优秀共产党员"称号；2016 年荣获"公司先进工作者"称号；2019 年荣获"河北省劳动模范"称号。

3

北京市劳动模范

北京市劳动模范

朱亚林

　　朱亚林，男，汉族，1979 年 12 月出生，中共党员。2004 年参加工作，现任国网冀北超高压公司安监部副主任。2013 年荣获"全国工人先锋号""中国国资委'最美一线工人'"称号；2014 年荣获"首都劳动奖章""国家电网公司'为民务实清廉'先进典型"称号；2015 年荣获"北京市劳动模范""感动冀北电力年度十大人物""国家电网公司杰出青年岗位能手"称号；2017 年荣获"国家电网公司十九大保电先进个人"称号。

北京市劳动模范

郭 良

　　郭良，男，汉族，1983年12月出生，中共党员。2005年参加工作，现任国网冀北工程管理公司项目管理二部主任、党支部副书记。2016年荣获"国家电网公司优秀共产党员"称号；2019年荣获"国家电网公司劳动模范"称号；2020年荣获"北京市劳动模范""全国能源化学地质系统大国工匠"称号；2022年担任北京冬奥会火炬手。

4

中央企业劳动模范

中央企业劳动模范

张 帆

　　张帆，男，汉族，1982年2月出生，中共党员。2004年参加工作，现任国网廊坊供电公司总工程师。2016年荣获"国家电网公司劳动模范"称号；2019年荣获"国家电网公司优秀共产党员""中央企业劳动模范"称号。

中央企业劳动模范

吴顺安

　　吴顺安，男，汉族，1962年7月出生，中共党员。1978年参加工作，原国网冀北电力有限公司副总经济师。2013年荣获"中央企业劳动模范""河北省五一劳动奖章"称号。

5

国家电网公司劳动模范

国家电网公司劳动模范

马增茂

　　马增茂，男，汉族，1962年2月出生，中共党员。1983年参加工作，原国网冀北电力有限公司副总工程师兼特高压工程建设指挥部常务副总指挥。2001年荣获"河北省电力公司先进生产者"称号；2008年荣获国家电网公司、华北电网有限公司"奥运保障先进个人"称号；2009年、2010年分别荣获"华北电网有限公司优秀党务工作者"称号；2011年荣获"山西省大同市精神文明建设优秀领导"称号；2014年荣获"国家电网公司劳动模范"称号。

国家电网公司劳动模范

王志宇

　　王志宇，男，汉族，1976 年 10 月出生，中共党员。1999 年参加工作，现任国网廊坊供电公司党委党建部主任。2011 年荣获"廊坊市创建文明行业先进个人"称号；2012 年荣获"华北电网有限公司优秀党务工作者"称号；2016 年荣获"公司先进工作者"称号；2017 年荣获"公司党建工作先进个人"称号；2018 年荣获"公司劳动模范"称号；2019 年荣获"公司优秀党务工作者""国家电网公司劳动模范"称号。

国家电网公司特等劳动模范

王新彤

　　王新彤，男，汉族，1968 年 11 月出生，中共党员。1990 年参加工作，现任国网唐山供电公司变电检修中心副主任（正职职级）。2008 年荣获"唐山市优秀质量管理工作者"称号；2012 年荣获"唐山市技术创新标兵""唐山市国资委优秀共产党员"称号；2013 年荣获"国家电网公司特等劳动模范"称号；2014 年荣获"感动冀北电力年度十大人物"称号。

国家电网公司劳动模范

王德林

　　王德林，男，汉族，1957 年 11 月出生，中共党员。1978 年参加工作，原国网秦皇岛供电公司变电检修室变电检修二班班长。2011 年荣获"华北电网有限公司优秀共产党员"称号；2012 年荣获"河北省能工巧匠""秦皇岛市金牌工人"称号；2013 年荣获"公司金牌工人"称号；2015 年荣获"国家电网公司劳动模范"称号。

国家电网公司劳动模范

史永宏

史永宏，男，汉族，1966年8月出生，中共党员。1989年参加工作，现任监理公司项目总监。2012年荣获"中国建设监理协会优秀监理工程师"称号；2013年荣获"北京市优秀总监"称号；2015年荣获"国家电网公司劳动模范"称号。

国家电网公司劳动模范

刘文增

　　刘文增，男，汉族，1969 年 3 月出生，中共党员。1990 年参加工作，现任国网冀北工程管理公司项目管理三部主任、党支部副书记。2014 年荣获"公司先进工作者"称号；2015 年荣获"国家电网公司劳动模范""公司优秀班组长"称号。

国家电网公司劳动模范

刘汉民，男，汉族，1975 年 4 月出生，中共党员。1998 年参加工作，现任国网冀北清洁能源汽车公司董事、总经理。2017 年荣获"国家电网公司劳动模范"称号。

国家电网公司劳动模范

刘冰

　　刘冰，男，汉族，1983年12月出生，中共党员。2006年参加工作，现任国网廊坊供电公司输电运检中心党支部书记、副主任、工会主席。2014年荣获"国网廊坊供电公司最美光明使者"称号；2015年荣获"公司检修专业优秀专家人才"称号；2016年荣获"国家电网公司劳动模范"称号；2018年荣获"公司变电专业管理先进个人"称号。

闫承山，男，满族，1974年2月出生，中共党员。1995年参加工作，原国网秦皇岛供电公司总经理、原党委副书记。2015年荣获"秦皇岛市劳动模范"称号；2016年荣获"国家电网公司劳动模范"称号。

国家电网公司劳动模范

刘学文

　　刘学文，男，汉族，1970 年 3 月出生，中共党员。1990 年参加工作，现任送变电公司二级职员。2012 年荣获"公司十八大保电先进个人"称号；2013 年荣获"公司先进生产（工作）者"称号；2014 年、2016 年分别荣获"国家电网公司基建管理先进个人"称号；2018 年荣获"国家电网公司劳动模范"称号；2019 年荣获"公司庆祝新中国成立 70 周年保电工作先进个人"称号。

国家电网公司劳动模范

张东亮，男，汉族，1976 年 3 月出生，中共党员。1998 年参加工作，现任国网廊坊供电公司广阳供电中心副主任。2015 年荣获"廊坊市十大优秀工人"称号；2016 年荣获"公司优秀班组长"称号；2018 年荣获"公司先进工作者"称号；2020 年荣获"公司劳动模范"称号；2022 年荣获"国家电网公司劳动模范"称号。

国家电网公司劳动模范

李 达

　　李达，男，汉族，1982 年 12 月出生，中共党员。2004 年参加工作，现任国网冀北超高压公司输电检修中心特高压输电运维班班长。2018 年荣获"公司优秀共产党员""公司劳动模范"称号；2019 年荣获"唐山市电力设施保护先进个人"称号；2020 年荣获"国家电网公司劳动模范"称号。

国家电网公司劳动模范

张陆军，男，汉族，1978 年 3 月出生，中共党员。1998 年参加工作，现任国网青龙县供电公司副经理、党委委员。2008 年荣获"华北电网有限公司奥运立功竞赛先进个人"称号；2015 年荣获"公司先进工作者"称号；2017 年荣获"公司优秀共产党员"称号；2020 年荣获"公司劳动模范"称号；2021 年荣获"国家电网公司劳动模范"称号。

国家电网公司劳动模范

张宝华

张宝华，男，汉族，1975 年 12 月出生，中共党员。1999 年参加工作，现任国网冀北超高压公司总经理、党委副书记。2013 年荣获"公司先进生产（工作）者"称号；2018 年荣获"国家电网公司特高压直流输电工程先进个人"称号；2019 年荣获"国家电网公司劳动模范"称号。

国家电网公司劳动模范

　　李国武，男，汉族，1978 年 10 月出生，中共党员。1999 年参加工作，现任国网冀北电力有限公司设备部副主任。2004 年荣获"全国电力行业技术能手"称号；2005 年荣获"河北省技术能手"称号；2010 年荣获"全国技术能手"称号；2012 年荣获"国家电网公司劳动模范"称号。

国家电网公司劳动模范

李信

　　李信，女，汉族，1985 年 8 月出生，中共党员。2011 年参加工作，现任国网冀北信通公司数据技术中心主任。2015 年荣获"国家电网公司劳动模范"称号；2019 年荣获"国家电网公司巾帼建功标兵"称号。

杜维柱

　　杜维柱，男，汉族，1965 年 1 月出生，中共党员。1989 年参加工作，现任国网冀北电科院院长（总经理）、党委副书记。2016 年荣获"公司本部先进个人"称号；2017 年荣获"国家电网公司劳动模范"称号。

国家电网公司劳动模范

来骥

　　来骥，男，汉族，1988 年 8 月出生，中共党员。2012 年参加工作，现任国网冀北信通公司平台运行及安全中心主任。2018 年荣获"国家电网公司劳动模范"称号、"公安部网络攻防实战演习先进个人"称号；2019 年荣获"感动冀北电力年度十大人物"称号。

国家电网公司劳动模范

　　林晋，男，汉族，1970年4月出生，中共党员。1992年参加工作，现任国网冀北工程管理公司党委副书记、副总经理。2014年荣获"公司先进生产（工作）者"称号、"公司'三集五大'体系建设先进个人"称号；2015年荣获"国家电网公司优秀共产党员"称号；2021年荣获"国家电网公司劳动模范"称号。

国家电网公司劳动模范

周维丽

　　周维丽，女，汉族，1968年10月出生，中共党员。1990年参加工作，原国网冀北物资公司总经理、党委副书记。2009年荣获"全国总工会能源化学工会优秀工会干部"称号；2012年荣获"河北省三八红旗手"称号、"国家电网公司创先争优优秀党务工作者"称号；2014年荣获"全国三八红旗手"称号；2015年荣获"国家电网公司劳动模范"称号。

国家电网公司劳动模范

赵志远，男，汉族，1973 年 10 月出生，中共党员。1995 年参加工作，现任廊坊明源供电服务有限公司直属分公司经理。2003 年荣获"华北电网有限公司带电作业技术能手"称号；2005 年荣获"优秀青年工程师"称号；2009 年荣获"华北电网有限公司先进生产（工作）者"称号；2012 年荣获"国家电网公司劳动模范"称号。

国家电网公司劳动模范

施贵荣

　　施贵荣，男，汉族，1962 年 8 月出生，中共党员。1983 年参加工作，原国网冀北电力有限公司电力调度控制中心主任、党总支部副书记。1999 年荣获"国家电力调度通信中心全国优秀调度员"称号；1998 年、2004 年、2005 年分别荣获"华北电网公司优秀工程师"称号；2013 年荣获"公安部十八大保电个人三等功"；2018 年荣获"国家电网公司十九大保电先进个人"称号；2019 年荣获"国家电网公司劳动模范"称号。

国家电网公司劳动模范

郭中山

郭中山，男，满族，1965年2月出生，中共党员。1981年参加工作，现任国网承德供电公司三级协理。2017年荣获"国家电网公司科学技术进步一等奖"；2019年荣获"国家电网公司劳动模范"称号、"承德市劳动模范"称号。

国家电网公司劳动模范

袁绍军

　　袁绍军，男，满族，1980年10月出生，中共党员。2008年参加工作，现任国网承德供电公司发展部主任、承德昊源电力承装集团有限公司外部董事。2016年荣获"公司劳动模范"称号；2021年荣获"国家电网公司劳动模范"称号。

国家电网公司劳动模范

高轶鹏

　　高轶鹏，男，汉族，1971年4月出生，中共党员。1992年参加工作，现任国网秦皇岛供电公司变电运维中心变电运维八班班长。2016年荣获"公司先进工作者"称号；2019年荣获"公司劳动模范"称号；2020年荣获"国家电网公司劳动模范"称号。

国家电网公司劳动模范

贾聪彬

　　贾聪彬，男，汉族，1982年9月出生，中共党员。2004年参加工作，现任国网冀北工程管理公司副总经理。2008年荣获"华北电网有限公司优秀青年工程师"称号；2010年荣获"国家电网公司特高压直流输电示范工程先进个人"称号；2014年荣获"公司安全生产先进个人"称号；2016年荣获"国家电网公司劳动模范"称号。

国家电网公司劳动模范

梁 吉

　　梁吉，男，汉族，1972年4月出生，中共党员。1993年参加工作，现任国网唐山供电公司总经理、党委副书记。2006年荣获"北京市优秀青年工程师标兵"称号；2007年荣获"华北电网有限公司优秀员工"称号；2008年荣获"北京市国资委优秀共产党员"称号、"北京市奥运能源运行保障先进个人"称号；2012年荣获"全国能源化学系统五一劳动奖章"；2018年荣获"国家电网公司劳动模范"称号。

国家电网公司劳动模范

康健民

康健民，男，汉族，1963 年 4 月出生，中共党员。1981 年参加工作，原国网冀北电力有限公司副总工程师兼冬奥会工作领导小组办公室主任。2012 年荣获"国家电网公司交流特高压先进个人"称号；2013 年、2015 年分别荣获"国家电网公司基建管理先进个人"称号；2017 年荣获"国家电网公司劳动模范"称号。

国家电网公司劳动模范

黄葆华，男，汉族，1970 年 12 月出生，中共党员。2000 年参加工作，原国网冀北电科院汽轮机研究所所长。2014 年荣获"国家电网公司劳动模范"称号。

6

"全国五一劳动奖章" 获得者

『全国五一劳动奖章』获得者

刘晓辉

刘晓辉，男，满族，1964年2月出生，中共党员。1977年参加工作，现任国网廊坊供电公司总经理、党委副书记。曾荣获"全国五一劳动奖章""国家电网公司劳动模范"称号、"河北省五一劳动奖章""华北电网十大杰出青年"称号、"唐山市劳动模范"称号、"唐山市委优秀党务工作者"等称号。

『全国五一劳动奖章』获得者

杨 旭 ///

　　杨旭，男，汉族，1977 年 11 月出生，中共党员。1996 年参加工作，现任国网廊坊供电公司变电运维中心主任、党委副书记。2014 年荣获"全国模范军队转业干部"称号；2015 年受邀参加抗战胜利 70 周年阅兵观礼活动和国庆 66 周年招待会；2021 年荣获"全国五一劳动奖章"。

『全国五一劳动奖章』获得者

张庚喜

　　张庚喜，男，汉族，1975年12月出生，中共党员。1993年参加工作，现任国网秦皇岛供电公司电缆运检中心电缆运检二班技术员。2008年荣获"全国电力行业优秀技能选手"称号；2014年荣获"秦皇岛市金牌工人"称号；2015年荣获"河北省能工巧匠"称号；2016年荣获"河北省职工道德模范"称号；2017年荣获"河北省五一劳动奖章"；2020年荣获"河北省突出贡献技师"称号；2021年荣获"河北工匠"称号；2022年荣获"全国五一劳动奖章"。

7

"河北省五一劳动奖章" 获得者

「河北省五一劳动奖章」获得者

于 会

　　于会，男，汉族，1966 年 3 月出生，中共党员。1986 年参加工作，现任国网迁西县供电公司四级协理。2011 年荣获"振兴唐山立功竞赛个人三等功"；2012 年荣获"唐山市劳动竞赛先进个人"称号；2013 年荣获"唐山市职工经济技术创新活动优秀组织者"称号；2017 年荣获"河北省五一劳动奖章"。

『河北省五一劳动奖章』获得者

么瑞秋

　　么瑞秋，男，汉族，1976年7月出生，中共党员。1997年参加工作，现任廊坊明源电力工程有限公司文安分公司经理、安全总监。2012年荣获"国网廊坊供电公司优秀员工"称号；2013年荣获"国网廊坊供电公司优秀共产党员""公司营销（农电）工作先进个人""国网廊坊供电公司先进个人"称号；2014年荣获"国网廊坊供电公司供电服务先进个人""国网廊坊供电公司优秀员工""公司先进生产（工作）者"称号；2015年荣获"国网廊坊供电公司优秀员工"称号和"河北省五一劳动奖章"。

『河北省五一劳动奖章』获得者

王 伟

　　王伟，男，汉族，1982年12月出生，中共党员。2004年参加工作，现任国网唐山供电公司二次检修中心副主任。2016年荣获"全国电力行业技术能手"称号；2017年荣获"河北省五一劳动奖章""河北省十大金牌工人"称号；2020年荣获"河北省突出贡献技师"称号；2022年荣获"国网工匠""国家电网公司劳动模范"称号。

『河北省五一劳动奖章』获得者

王玮

　　王玮，男，汉族，1981年5月出生，中共党员。2005年参加工作，现任国网廊坊供电公司总经理助理。2013年荣获"国家电网公司优秀专家人才"称号；2015年荣获"河北省五一劳动奖章""河北省金牌工人""河北省创新标兵"称号。

齐火箭，男，汉族，1978年2月出生，中共党员。1998年参加工作，现任国网张家口供电公司营销部副主任。2015年荣获"河北省五一劳动奖章"；2016年荣获"公司五四奖章"；2017年荣获"国家电网公司供电服务之星"称号；2018年荣获"张家口大工匠"称号。

陈有双

陈有双，男，汉族，1971年11月出生，中共党员。1992年参加工作，现任国网迁西县供电公司运维检修部电网运检技术管理中级师。2017年荣获"河北省能工巧匠"称号；2018年荣获"河北省五一劳动奖章"；2019年荣获"河北省金牌工人"称号。

李振军，男，汉族，1963 年 5 月出生，中共党员。1983 年参加工作，原国网秦皇岛供电公司纪委书记、工会主席。2011 年荣获"国家电网公司优秀工会干部"称号；2013 年荣获"中华全国总工会优秀工会工作者"称号；2015 年荣获"河北省五一劳动奖章"。

『河北省五一劳动奖章』获得者

轩景刚

　　轩景刚，男，汉族，1976年4月出生，中共党员。1995年参加工作，现任国网唐山市丰润区供电公司配电运检工。2017年荣获"唐山市能工巧匠"称号、"河北省五一劳动奖章"；2018年荣获"河北省最美电力人"称号；2019年荣获"公司质量管理先进QC人物"称号。

战秀河 ///

　　战秀河，男，汉族，1968年4月出生，中共党员。1990年参加工作，现任国网冀北综合能源服务有限公司执行董事、党委书记。曾荣获"河北省五一劳动奖章""国家优质工程先进个人"称号、"国家电网公司科技进步三等奖""华北电网有限公司优秀共产党员"称号。

『河北省五一劳动奖章』获得者

贾卫华

　　贾卫华，男，汉族，1979 年 12 月出生，中共党员。1997 年参加工作，现任国网廊坊供电公司安监部副主任。2016 年荣获"河北省五一劳动奖章"。

高靖伟，男，满族，1984 年 9 月出生，中共党员。2006 年参加工作，现任国网滦平县供电公司电力调度控制分中心主任。2015 年荣获"河北省五一劳动奖章"。

『河北省五一劳动奖章』获得者

梁凤敏

梁凤敏，女，汉族，1979年9月出生，中共党员。1999年参加工作，现任国网唐山供电公司营销部营销稽查管理高级师。2014年荣获"国家电网公司技术能手"称号；2017年荣获"河北省五一劳动奖章"；2019年荣获"国家电网公司优秀服务之星"称号；2020年荣获"国家电网公司劳动模范"称号。

8

"首都劳动奖章"获得者

『首都劳动奖章』获得者

许鸿飞

　　许鸿飞，男，汉族，1982年5月出生，中共党员。2008年参加工作，现任国网冀北信通公司安全总监、安监部主任。2012年荣获"公司十八大保电工作先进个人"称号；2015年荣获"公司先进工作者"称号；2016年荣获"公司专业领军人才""公司优秀班组长"称号；2017年荣获"首都劳动奖章"、"公司劳动模范"称号、"国家电网公司党的十九大保电工作先进个人"称号；2019年荣获"国家电网公司优秀共产党员"称号；2020年荣获"公司科技进步一等奖"。

"首都劳动奖章"获得者

刘 辉

　　刘辉，男，汉族，1975年10月出生，中共党员。2006年参加工作，现任国网冀北电科院副院长（副总经理）、党委委员，"风光储并网运行技术"国家电网公司重点实验室主任。2021年荣获"首都劳动奖章"；2022年荣获"国家电网公司劳动模范"称号。

『首都劳动奖章』获得者

宋 鹏

　　宋鹏，男，汉族，1982年11月出生，中共党员。2009年参加工作，现任国网冀北电科院设备状态评价中心高电压技术研究所党支部书记、副主任。2014年荣获"北京市优秀青年工程师"称号；2018年荣获"首都劳动奖章"；2021年荣获"优秀青年能源科技工作者"称号；2022年担任北京冬奥会火炬手。

『首都劳动奖章』获得者

郑 毅

　　郑毅，男，汉族，1975 年 8 月出生，中共党员。1998 年参加工作，现任国网冀北电力有限公司安监部副主任。2012 年荣获"公司'三集五大'体系建设先进个人"称号、"公司十八大保电工作先进个人"称号；2013 年荣获"公司先进生产（工作）者"称号、"首都劳动奖章"。

『首都劳动奖章』获得者

金燊

　　金燊，男，汉族，1982年12月出生，中共党员。2008年参加工作，现任国网冀北信通公司通信建设运维中心主任。2017年荣获"国家电网公司党的十九大保电工作先进个人"称号；2018年荣获"感动冀北电力年度十大人物"称号；2021年荣获"公司先进工作者"称号；2022年荣获"公司劳动模范"称号、"首都劳动奖章"。

『首都劳动奖章』获得者

赵振宁

赵振宁，男，汉族，1973年1月出生，中共党员。1998年参加工作，现任国网冀北电科院电源技术中心电站锅炉技术研究所四级职员。2013年荣获"公司先进生产（工作）者""北京市西城区文明市民标兵"称号；2016年荣获"中国电力行业标准化先进个人"称号；2017年荣获"北京榜样5月周榜人物""公司劳动模范"称号；2019年荣获"首都劳动奖章"。

「首都劳动奖章」获得者

魏晓伟

　　魏晓伟，男，汉族，1983年5月出生，中共党员。2006年参加工作，现任国网冀北超高压公司张家口运维分部副主任。2013年荣获"公司先进生产（工作）者"称号；2014年荣获"国家电网公司安全生产先进个人"称号；2021年荣获"北京大工匠"称号；2022年荣获"首都劳动奖章"。

9

"全国劳动模范"先进事迹

念兹在兹守初心 笃定前行担使命

——记"全国劳动模范"刘志军

2022 年 2 月 4 日，正月初四，立春时节。河北省张家口市崇礼区的大街上熙熙攘攘，街边的红灯笼错落有致，热闹非凡。比起往年的春节，今日的崇礼更是多了份激情，虎年新春携手激情冬奥，这个沉积了 7 年的冰雪小城此刻正迸发出蓬勃的生机，绽放出独有的冰雪活力。同一时间，在崇礼冬奥核心区内的一条 10 千伏涉奥线路保电现场，国网张家口市崇礼区供电公司负责人刘志军正在认真检查环网柜设施运行情况，并慷慨激昂地为保电团队加油打气！"咱们责任重大，'万无一失'是保电的目标，大家要再接再厉，以更加饱满的热情和更加细致的工作迎接冬奥会的保电任务。"

忠于职守 尽职尽责不泯初心

地处内蒙古高原与华北平原过渡地段的河北省张家口市崇礼区，夏季骄阳似火、荆棘丛生，冬季寒风凛冽、积雪漫道。在刘志军上岗前，有的人因为线路工作繁杂、村落分散、路途险峻，索性就撂挑子不干了，转到了别的工作岗位，但当年仅 22 岁的刘志军接过这份重担时，就没想过放弃，也就是从那个时候开始，他有了他的选择——坚守。

2000 年冬天，在崇礼区石嘴子乡曹碾村工作时，由于线路走径全部位于阴坡，积雪太厚，车辆无法前行，刘志军只能背上仪器，在凛冽的西北风中、在没膝的雪地里艰难地挪动。到达山顶后，突然一阵狂风，硬生生把他吹倒在地，直接滚落进一条 5、6 米深的山沟。尽管躺在沟底，他怀里还紧紧抱着经纬仪。跌倒了就爬起来再走，他就这样反复跌倒、前进……走过沟沟坎坎，走过大街小巷，硬是把光明和温暖送到了千家万户。

无私奉献 舍小家为大家不辞辛劳

作为冬奥会主赛场,国网冀北电力有限公司承担的 14 项冬奥保障任务中有 12 项在崇礼,刘志军深知肩上的责任重若泰山。他积极对接当地林业部门，及时收集整理一手资料，并协同当地林业部门到省林业厅办理控制性工程先行林地许可手续 9 份，为各项工作争取了 3 个月的黄金施工期，最终圆满完成了 444 基铁塔、554 公里线路、5 座变电站的属地协调任务和 6.2 公顷林地、4.4 万棵树木的手续办理任务。

5 年来，刘志军几乎每天早出晚归。在他的协调下，先后完成张家口解放 500 千伏输变电工程、张北柔性直流电网试验示范工程 ±500 千伏张北—北京线路工程、张家口云顶 110 千伏输变电工程等 12 项属地协调工作；配合崇礼区政府及施工单位完成奥运核心区"三场一村"、京张高铁崇礼支线等 11 项电力线路迁改工程；开辟绿色通道，奥运核心区客户平均接电时间由 35 天缩短至 21 天。从冬奥申办成功后，他几乎没有休息过一个周末，他舍小家、为大家，为冬奥会筹办奉献了无数个日夜，倾注了大量心血。

殚精竭虑 情系冬奥甘于奉献

刘志军对身边的人常说的一句话就是"保障冬奥，成功不必在我，攻坚必定有我"。2019 年年初，为保障核心区 10 千伏配电网工程的实施，需新建 19.68 公里的电缆隧道。刘志军带领设计单位一头扎进了核心区，一公里一公里地选择路径、制订方案，并配合统筹单位将各类市政管线最终落在了"一张图"上。在隧道主体工程基本完工后，又在第一时间配合国网张家口供电公司将核心区 10 千伏电缆隧道及配电网工程组成 5 个"双环网"供电结构，为核心区各奥运场馆及相关用户提供了坚强可靠的电力保障。

太子城冬奥核心区 1 号路在建设时，在其施工范围内有两趟 10 千伏双回架空线路及 3 座环网柜、4 个分支箱、6 座箱变等需要迁改。此次迁改时间紧、工程量大、停电影响范围广、施工难度高。刘志军在停电的 3 天内，72 小时现场监督，每天穿梭于 14 个施工点，顺利完成迁改任务，为 1 号路的顺利施工赢得宝贵时间。

刘志军常说："我最自豪的事就是冬奥会能在家门口办！我最欣慰的事，莫过于能为冬奥会尽一份力，莫过于能守护这座冬奥小城！"

履职尽责守初心

——记"全国劳动模范"祁春风

基础过硬的技术能手

"为了弄清二次设备屏后高处的接线情况，我专门做了一个小板凳，一手拿手电，一手拎板凳，仔细检查设备，终于和每个设备都'混熟'了。"1993 年，刚大学毕业的祁春风被分配到华北电力集团公司承德供电公司的八二一变电站。变电站地处偏远农村，为了尽快熟悉设备，祁春风整整两个月没回家，白天实践，晚上做笔记，不到半年时间，就成了站内的技术专家，两年时间，就成了变电站站长。

"变电站故障排除救急如同救火，我们要用最快的速度在最短的时间到达变电站，快速准确查找、隔离或者消除故障。"2003 年 6 月 21 日，上午还是风和日丽、晴空万里，但是到了傍晚，突然狂风暴雨大作。作为站长的祁春风，当收到监控值班员汇报"松树沟变电站控制电源全部消失"的情况后，便立即带领操作队人员奔赴松树沟变电站。但是由于持续降水，承德市区主街道的积水淹过膝盖，抢修车辆根本出不去，于是祁春风就带领队员们涉水步行穿越市区。到站后发现站内 UPS 及隔离变压器损坏，祁春风和队员们在站内迅速查找图纸，制定有效的临时补救方案。当专业人员到达现场时，站内的控制、保护电源已全部恢复，为 UPS 的修复赢得了宝贵时间，保证了全站的安全运行。

一直坚持学习、深入实践的踏实作风，让祁春风多次被华北电网有限公司、国网承德供电公司表彰为"青年岗位能手"和"优秀青年工程师"。

以企为重的"拼命三郎"

祁春风曾担任过多座变电站站长，担任过 7 年的集控站站长，由于负责运行管理的变电站点多面广，除了完善基础管理外，大部分时间都奔波在各变电站之间，"5+2""白＋黑"对他来说已习以为常。

1999 年春季预试时，4 座变电站连续 8 天停电预试，作为站长的祁春风，每天凌晨 4

点到站，全程监护操作人员，其中有一天竟然连续工作了 24 小时。仅在集控站工作的 7 年，他就参加变电站异常故障处理 1000 多次，发现设备安全隐患 860 多项。

自古忠孝不能两全，实在是他们无法全部顾及。2009 年 3 月的一天，祁春风本应陪着躺在病床上的父亲，但是，那天是 220 千伏瀑河变电站预试的第一天，停电任务繁重，安全责任重大，他最终还是决定到变电站现场主持工作。临走时，父亲嘱咐他，"我没事，你好好工作吧，别分心"。祁春风到变电站之后就马不停蹄地监督倒闸操作、检查安全措施，就在快要完成停电操作任务时，他的手机铃声响了，姐姐在电话里哽咽地说："春风，爸爸要不行了！"祁春风努力使自己保持清醒，忍着内心的悲痛和自责，坚持把现场预试停电工作完成，才匆匆离开现场。当地全是山路，交通不便，3 个多小时后赶到医院时，父亲已经与他阴阳相隔……

起五更、爬半夜、战严寒、斗酷暑，长期劳累给祁春风的身体落下了不少病症，体检化验多项数据超标，医生再三嘱咐他要避免劳累，可是一忙起来，他就把医生的话当成了"耳边风"，直到 2014 年 10 月胃部大量出血，才被迫住进了医院。住院期间，他心里仍惦记着工作，没等痊愈就回到了工作岗位，被同事称为电力一线上的"拼命三郎"。

善思创新的"领头雁"

干一行就要爱一行，爱一行就要钻一行。作为变电管理技术骨干的祁春风，每年都有新的创新成果。2010 年，祁春风提出的"变电站取暖电锅炉改电暖器"合理化建议被华北电网有限公司采纳，实施后，有效避免了因水暖系统故障造成变电站设备事故，同时也带来了非常可观的经济效益，仅变电站冬季取暖一项，每年为公司节约近 80 万元。祁春风带头研制的"缩短设备故障诊断时间"创新成果在各变电站进行了推广，缩短了设备"带病"运行时间，大大提高了设备安全供电的可靠性。

走上技术管理岗位后，祁春风积极探索职工培训新思路、新方法。坚持开展一线职工"拜师带徒""一带一、一托二"等活动，结成技术创新对子，助力新老职工共同成长。2010 年，"春风创新工作室"被华北电网有限公司正式命名，这既是对平台的检验，也是对他个人的考验。祁春风带领工作室围绕电力生产中的难点、重点，开展技术研讨，创新项目研发等活动，先后获得国家发明专利 2 项、国家实用新型专利 35 项、获得省（部）级创新成果奖 17 项，在国家级刊物上登载论文 10 余篇。2015 年，工作室被公司确定为劳模创新工作室示范点。

春风创新工作室不仅解决了电网检修、调试、设备精益化管理工作中遇到的难题，还提升了员工整体技术技能水平，有效带动青年员工成长成才，同时更助力地方经济高质量发展。

以初心 致匠心 暖人心

——记"全国劳动模范"李征

自 2000 年大学毕业至今，李征扎根供电生产一线一干就是 22 年。特殊的工作性质，让变电站成了李征的"第二个家"，他已经记不清有多少个节假日是在工作现场度过的。而作为"李征劳模创新工作室"的领军人，小小的工作室又成了李征的"第三个家"。李征的办公室橱柜里，最多的就是为加班准备的方便面、榨菜。有同事帮李征算过，工作至今，他加班时间最保守能折合成 1500 多个工作日，因此同事开玩笑说李征上班 22 年，却有 28 年工龄。

据了解，李征自参加工作以来，共发现变电站设备缺陷 1228 件，处理事故异常 457 起，避免经济损失达 4700 多万元。

创新进取——平凡岗位上不断求"变"的创客先锋

李征立足岗位，锐意创新，先后完成创新成果68项，获国家专利112项，参与编写国家标准2部，发表论文43篇，创造经济效益达8700多万元。其中，李征主持研发的变电站智能端子箱、变电站激光自动驱鸟装置、智能高压带电水冲洗装置、基于AI的变（配）电站智能防汛监控系统等成果，所涉多项技术均属该领域首创。

李征深知，一花独放不是春，百花齐放春满园。2013年，他领衔成立"李征劳模创新工作室"，通过导师带徒、课题研究"手拉手"、攻关竞赛等活动，毫无保留地把自己的"家底"无私传授，工作室共完成创新成果158项，国家专利256项，论文238篇。工作室先后被授予"全国示范性劳模和工匠人才创新工作室"和"国家级技能大师工作室"，和李征签过"师徒合同"的42名青年员工均被评为各级优秀专家人才和技术能手。

扶贫助困——主动扛起社会责任的暖心榜样

李征为支持脱贫攻坚，专门研发的"智能温室大棚自动控制装置""智能菌类大棚环境监测系统"和"全天候果树、农作物驱鸟器"等科技扶贫成果，先后在 3 个国家级贫困县应用，为脱贫攻坚注入了创新动力。李征还以劳模身份联合爱心企业为山西省壶关县捐赠冷库等设施，此举受到了全国总工会的表扬。另外，李征积极响应家乡唐山的爱心助学工作，近 6 年来先后资助 20 余名贫困学生，为其求学之路洒满暖阳。

履职尽责——为"大事小情"奔走呼吁的人大代表

李征当选十三届全国人大代表后，认真履职尽责，在广泛调研的基础上，形成了22条翔实的建议。李征在2019年全国两会上提出的"关于建立各级职工创新成果孵化基地推动职工创新成果转化、推广应用的建议"，受到了国务院国资委和财政部的高度关注。2018年李征在全国两会上提出的"关于建立'工人院士'的建议"获得了社会各界的广泛关注，为国家针对技术工人设立国家级荣誉起到了推动作用。李征一直关注防治大气污染的问题，2019年全国两会上李征提出的"关于'煤改电'的建议"受到了相关部委的高度关注，河北省政府有关领导专门听取了李征关于"煤改电"的详细汇报。2019年全国两会上李征提出的"关于加快农网发展，服务乡村振兴和脱贫攻坚的建议"被相关部委采纳，针对该项建议，财政部在《财政预算报告》专门增加了"推进农村电网升级改造"内容。

率先垂范——为疫情防控贡献力量的工人战士

在新冠肺炎疫情防控期间，李征研发的"智能紫外线臭氧杀菌消毒控制器"应用于国网系统内外多家单位的杀菌消毒场所，在多地推广应用，为疫情防控做出了贡献。针对有些老旧小区疫情防控围挡屡遭破坏的情况，李征研发了"社区围挡防破坏报警器"，已在多个社区推广应用。

疫情防控期间，李征积极响应国家发展改革委发布的《关于应对新型冠状病毒感染肺炎疫情 支持鼓励劳动者参与线上职业技能培训的通知》要求，在"技能中国—全国产业工人技能学习平台"面向全国劳动者直播授课，成为河北省和国家电网公司第一个参加此次授课活动的"工匠"。另外，李征还开展线上创新活动，实现职工创新活力实时"在线"。

李征表示，在我国进入全面建设社会主义现代化国家、向第二个百年奋斗目标进军新征程的关键节点上，将永远听党话、跟党走，更加主动地传承和发扬劳模精神、劳动精神、工匠精神，以初心、致匠心、暖人心，为建设具有中国特色国际领先的能源互联网企业贡献力量！

用赤子之心点亮万家灯火

——记"全国劳动模范"庞博

以顽强意志守护万家灯火

庞博作为省、市两级公司优秀规划专家人才，先后主持制定了省、市两级"十二五""十三五"配电网规划设计，为电网的可靠、有序、协调发展贡献了重要力量。他带领着 1209 人的生产团队，负责承德 221 座变电站、2.85 万公里输配电线路的运检工作，每年电网检修 5000 余项，运行操作上万项，抢修现场千余个，他不顾腿疾的困扰，靠前指挥，年奔波行程近 10 万公里。扎鲁特—青州等 4 条特高压工程顺利投产、272 个光伏扶贫项目全部按期并网发电，这一串串数字的背后倾注了他巨大的心血。2019 年，多年的积劳使得他的腿疾再也无法拖延，在医院做了 6 小时的髋关节盂唇重建手术。术后医生一再叮嘱他必须卧床休息 3 个月，千万不能过早地下地行动，同时还要进行康复训练，否则会留下后遗症。但他一直担心工作上的事情，仅卧床 18 天，硬是挂着双拐回到了工作岗位。他就是靠着这种顽强的意志，在操作室、在工程现场、在延绵的线路旁，全力确保地区电网的安全稳定运行，用心守护着万家灯火。

以执着坚守扛起使命担当

十多年来，每逢节假日，庞博都坚守在保电一线。上初中的女儿从记事起就没有和他共同度过一次除夕夜。2020 年年初，面对来势汹汹的新冠肺炎疫情，庞博既分管生产又分管后勤工作，既要确保安全生产稳定运行，又要保证疫情防控万无一失。他坚守一线、镇定指挥，带领电网精兵逆行而上战"疫"保电。他常挂在嘴边的一句话就是："疫情防控是当前最重要、最紧迫的政治任务，必须全力以赴。"在第一时间多方筹措防疫物资的同时，他细化各项防疫举措，保障职工防护需求，科学安排电网运行方式，逐一制定重要用户供电保障方案，对全市定点收治医院、医疗器械生产单位以及复工复产企业的用电设备实行全天候监测，同时为市定点医院和疾控中心及时解决了第二电源问题。他带领的 135 支应急队伍、132 台抢修车辆和 11 台发电设备随时待命，疫情防控期间累计开展变电站巡视 578 站次，带电检测 1590 台次，线路巡视 278 条次 1614 公里，实施主动抢修 1200 余次，全力保障社会用电，做到疫情防控、供电保障两不误。市疾病预防控制中心、六福口罩厂等多家单位纷纷送来锦旗和感谢信，他和他的团队充分彰显了"电力先行"的社会责任。

保障北京 2022 年冬奥会和冬残奥会用电期间，庞博作为冬奥现场分指挥临电建设组组长，本着"高质量的临电建设就是最好的运维保障"的原则，驻扎现场开展建设工作。临电项目参建单位多，参建人员 500 多人，建设协调复杂程度超出想象。他带领团队统筹协调施工安全、质量、进度，强化沟通协调，克服了负荷随时调整、路径频繁变化、场馆内交叉施工、大风降雪等诸多不利因素，边设计边施工、边排水边敷设、边催货边安装、边清雪边调试……历经 194 天的顽强拼搏，全部临电项目于 2021 年年底前顺利投入运行，其中参建的 311 名临电建设技术骨干转入运维保障团队。作为北京 2022 年冬奥会火炬手，他用行动守护崇礼的温度和光明，用担当诠释国家电网公司的社会责任和使命。

以创新理念助力企业发展

"五架无人机同时起飞了！"现场响起了一片欢呼声。"执行自主飞行"是庞博带领创新团队的又一项新突破。他坚持"创新强企"战略，带领团队不断攻艰克难，寻求突破点。他主持开展公司首次无人机喷火清障、紫外成像巡检、自主飞行测绘，并主持建成冀北地区首个配网标准化建设示范区，实现"可借鉴、可复制、可推广"的配网建设模式，他带领团队在冀北地区率先实现林火视频监控系统接入，将创新理念转化为服务民生的实际成果。

作为一名电网人，庞博有着一种执着追求、甘于奉献的精神，一种超越自我、勇于创新的力量，一种爱岗敬业、不畏艰难的态度，他将青春奉献给热爱的电力事业，将初心引作灯火温暖着他人，书写着电网人的光荣与梦想，一路前行。

高压线上的"舞者"

——记"全国劳动模范"高会民

有人说，"高压电是凶悍的'老虎'，带电作业无异于'虎口拔牙'，干这行就得胆大心细。"离地 20 多米高空，22 万伏高压带电作业，49 岁的年纪，近 30 年的工作经验，如此高强度的高危操作已经进行了几万次。谁可以做到这样的坚持？

"全国劳动模范""全国五一劳动奖章"获得者高会民就可以！

"只要摸透了它的'脾气'，掌握了科技手段，这只'电老虎'同样可以驯服。"手脚并用地攀上高耸入云的铁塔，与高压导线亲密接触，在外人看来，每一次都是出生入死的考验。但在高会民眼里，从百米水下的"深潜蛟龙"，到百米高空高压输电线路的"空中舞者"，从潜水兵到大国工匠，每一次都是惊心动魄的经历，但更是自我挑战的舞台。

高会民，1991 年入伍，在海军某部服役，是一名潜水兵。1994 年退伍后被安置到当时的华北电力有限公司秦皇岛电力公司工作，当上了一名输电线路检修工，一干就是 20 多年。为了保障供电质量，高会民要带电作业，这样可以避免因为跳闸或者停电造成的经济损失。

有着上万次现场操作经验的高会民，早已习惯在各种复杂恶劣的环境中工作。2019 年夏天，高会民穿上密不透风的屏蔽服，背上 20 多公斤的传递绳、工具袋，手抓住杆塔几下就上到了十几米的高空。高空作业需要的是胆大心细，每一步都有滑落的危险。夏日的秦皇岛，气温接近 30 摄氏度，因为地处沿海城市，在离地 20 多米的半空中海风至少有 3 级，让整个作业更是难上加难。头顶上火辣辣的太阳像个火球，罩在身上的屏蔽服像是个烤箱，铁塔上的高会民感到一阵眩晕、四肢无力，他知道自己中暑了，接过同伴从地面传上来的矿泉水，却没有力气拧开盖子。就这样，他咬紧牙关一步步完成操作。下塔后，他一头栽倒在地，屏蔽服里的汗水淌了一地……

2020 年新冠病毒肆虐，他放弃了和家人团聚的时间坚守工作岗位，24 小时待命，随叫随到。

已经49岁的高会民，在公司还有另外一个名号——"发明家"。将近30年的一线工作经验，他熟悉输电线路的运行及检修现状、电网结构运行方式，他坚持自主创新，通过制作新工具，提高了工作效率，节省了人力物力，给企业创造了巨额经济效益。他的新发明不胜枚举，光国家实用新型专利就获得了54项。

被荣誉光环笼罩着的高会民深刻认识到：一个人强不算强，大家都强了企业才能腾飞，才能为建设具有中国特色国际领先的能源互联网企业贡献力量。

"扎根一线传帮带，大家一起搞科研。"如今，活跃在输电线路一线的高会民把自己的心得、经验毫无保留地与同事们分享，让更多一线员工成为创新主体、技术人才。高会民说，自己的创新之路还很长……

10

"河北省劳动模范"先进事迹

一"网"情深铸品牌

——记"河北省劳动模范"万广军

近年来，国网玉田县供电公司在其领军人物万广军的引领下，明确县域经济发展的大坐标，找准定位，用"优质、方便、规范、真诚"的服务为地方经济发展不断增添亮点，为69万玉田百姓营造了安全、稳定、舒适的用电空间，点亮了万家灯火，也赢得了百姓的口碑。

以梦想为动力

建设一个强大的电网，是万广军的追求和梦想。2011年年初，针对锐晶科技、晋银化工等项目用电环境要求较高、后湖工业园区用电需求量庞大的实际情况，万广军亲力亲为，积极与上级公司联系沟通，加大推进力度，有效地提前了部分电力工程的工期。正是他这种"手续办理不怕费脑子，关系协调不怕丢面子，工程建设不怕碰钉子"的"三不怕"精神，使玉田的电源点建设走在了全市前列。

2011年以来，国网玉田县供电公司积极争取资金，谋划实施了30余项重大电网建设与改造工程，到"十二五"时期末，玉田全县变电总容量净增211万千伏安，与"十一五"时期末相比，等于再造了一个玉田电网。截至目前，玉田县境内拥有500千伏变电站1座、220千伏变电站4座、110千伏变电站10座、35千伏变电站34座，呈辐射状分布于全县各负荷中心地区。多电压等级变电站的合理布局、各电压等级供电线路的畅通，为国网玉田县供电公司提供了坚强的网架支撑。

以付出为责任

四年如一日，一项项荣誉背后，是万广军不为人知的付出。在他的带领下，国网玉田县供电公司走出了一条创新发展之路。在农电业务外委、"三集五大"体系建设、安全标准化达标等工作中先行先试，走在了前列。2012年11月，作为国网冀北电力有限公司、国网唐山供电公司"三集五大"体系建设迎检代表单位，国网玉田县供电公司顺利通过国家电网公司队伍稳定、"大检修"体系建设、"大运行"体系建设专业评估组检查验收。2013 年，国网玉田县供电公司圆满完成业务优化、资源整合、制度标准、流程再造、机构调整和人员变动等工作，实现安全、营销、财务、生产等各项基础管理工作与上级公司无缝对接，做到组织、人员、工作"三落实"和学习宣贯、方案制定、转岗适岗培训"三到位"，将公司管理推向一个崭新的发展阶段。2014 年顺利通过上级公司成效评估验收，全面实现"三集五大"体系建设与公司改革发展深度融合，稳步度过了改革攻坚期、完善提升期和全面建成期，实现了新模式的平稳导入和顺畅运营，成为国网冀北电力有限公司唯一一家荣获国网系统"三集五大"体系建设先进单位称号的县级公司。

以员工为后盾

在工作中，万广军坚持以人为本，提高员工队伍的整体素质，巩固员工的硬实力。把"抓基层、打基础、练内功"作为提升员工素质的基本方针，真正把企业办成了员工的大讲堂、人才成长的"大熔炉"。

处于玉田县最南端、条件最为艰苦的流涧头农电业务班的员工最盼的就是大年三十，因为这一天，万广军总会轻车简从，带着包好的饺子来到这里与大伙共度佳节。4 年来，万广军以制度建设为立足点，以教育培训为切入点，以知行合一为着力点，全面推进队伍建设。全体干部员工从公司悄然的变化里、从自身价值的实现中看到了企业的希望，追求着自己的梦想。

以服务赢民心

无论何地，都要把优质服务延伸到百姓身边。玉田县玉田镇西查屯村老人王焕章家的电表箱老旧破损，经常遭受停电之苦，他抱着试试看的想法，给万广军写信求助。没想到，信寄出后不久，便有电力工作人员来到家里，不但将电表箱配线和进户线全部更换一新，还对西查屯村供电设施进行了全面改造，更换电表箱 40 个、进户线 4000 多米。从此，村里人不再因时常停电而犯愁了。

无论何时，都要把爱心融入到社会中。2012 年年初，在万广军的号召下，国网玉田县供电公司与玉田一中签订了希望工程捐助协议，公司领导干部每人每学期捐资用于帮助家境困难、品学兼优的学生完成学业。同时，坚持定期走访、关注他们的学习生活情况。其中不少学生如愿以偿地考取了理想的大学后，还不忘写信感谢他，都说将来也要做一个回报社会的好人。

始于初心 臻于匠心

——记"河北省劳动模范"王立生

踔厉奋发的输电铁军人

王立生毕业后就投身到输电线路检修工作中,从曾经的文弱书生,一步一步成长为如今既能调爬走线,又可带电抢修的铮铮铁汉,文能普考拿第一,武可比武折桂冠。

在王立生刚参加工作时,常和师父在山区巡视线路。山区天气多变,往往刚才还艳阳高照、晒得人浑身冒汗,不一会儿就忽然狂风大作、乌云密布,转眼间雷电交加,大雨倾盆。在树下、山头高处,因怕雷击,他们不敢避雨;低洼之处,怕发山洪,更不敢去。他们只能在半山坡上一步一滑地艰难前行,师父看着他坐在石头上处之泰然地倒掉鞋里的雨水,拧干袜子,挤破脚上的水泡,忽然觉得王立生这个徒弟还真不错。

"一善之功不为难,难于不懈付年年。"王立生始终以党员的标准严格要求自己,从工作至今,他一直尽心、尽力、尽职、尽责,难活苦活都冲锋在前。王立生组织实施的输电线路大型停电检修、事故抢修、冬奥会与冬残奥会保电等工作均圆满完成,多次受到上级领导的肯定和赞誉。多年来,王立生共获得"河北省劳动模范"等多达 85 项荣誉称号。

他从一线班组起步,凭借着不服输的劲头,逐步从一名输电初级工,成长为一名高级技师、高级工程师,先后担任技术员、输电高级师等,随着角色的转变,他肩上的责任也越来越重。有付出就有收获,凭借肯钻研、爱学习的劲头,王立生先后获得"华北电网公司调考第一名"等各种竞赛荣誉 62 项,受聘为全国电力职工技术成果奖评审专家、公司优秀专家人才等。

精业笃行的创新领头雁

"王工,这工具太好用了,不仅干活快,还消除了安全隐患!"在 110 千伏怀河线检修现场,带电班副班长彭大江兴奋地对创新工作室负责人王立生说到。这是 110 千伏怀河线 5 号塔补装铁塔标识牌工作现场,该铁塔标识牌丢失,工作人员使用王立生研发的高空作业套筒扳手进行了补装消缺工作。

钻研、探索、创新的想法是在王立生参加工作后的第三年萌发的，随着理论知识及专业技能的丰满，他开始注意输电作业中存在的一些危险和问题。为了提高工作安全性和工作效率，王立生开始琢磨起了他的小发明。

为解决鸟害造成架空输电线路不断跳闸停电的问题，他通过 100 多次的研究试验改进，研发了"输电线路防鸟装置"并取得国家专利。由于该成果简单实用、成本低、防鸟效果显著，至今已在全国的架空输电线路上广泛应用，圆满解决架空输电线路鸟害防控问题，保障了电网线路安全稳定运行。目前，"防鸟系列"研发已取得五项专利。

为提高供电可靠性，让工作人员免受高压带电导线威胁，王立生研发出"绝缘保护伞"，实现了同塔并架线路带电作业无专用防护工具"零"的突破，并在第六届全国电力职工技术成果会上获奖。

一路成长、一路收获，王立生通过学习钻研实践，先后完成 133 项技术革新，解决工作实际困难，消除安全隐患，取得了较好的经济和安全效益。其中 30 项获国家专利，获国家级奖项 2 项、省级奖项 20 项、地市公司级奖项 46 项，被授予"河北省能工巧匠""省公司级电力工匠"等称号。

薪火相传的传带引路者

2020 年 9 月，在单位培训会场，王立生迟到了半小时才赶来，学员们望着满裤腿都是泥、显得特别狼狈的他，满眼疑惑。原来是因为一条非常重要的 220 千伏输电线路在大雨中半夜跳闸，王立生连夜带队赶去抢修。因为这边还有培训任务，所以一抢修完，他顾不得休息就急忙往回赶。不仅如此，在平常的工作中，他时刻发挥劳模的影响力，以一个劳模带动一个团队，辐射到整个单位。他根据工作经验编写培训教程，以劳模创新工作室为平台，定期开展知识讲座、技能授课活动，培养出身边大量的知识型、技术型人才。

一切过往，皆为序章。作为党员，初心不变，使命必达，成绩既是压力，也是动力。责任既是重担，也更体现担当。王立生把问题作为目标，把困难化成动力，增强原始创新能力，勇闯技术无人区的这种精神，无不体现出他的一颗无畏"匠心"。对于今后的工作与创新之路，王立生笃定且充满信心！

锲而不舍 精益求精

——记"河北省劳动模范"王世君

"不管在什么岗位上，都要全力以赴把工作完成好。"这是王世君一直坚守的初心，也是他的工作态度和职业精神。深耕电力领域 27 年，王世君始终保持着"孜孜不倦"的进取心，"不弄清楚不罢休"的求知欲和"时时放不下心"的责任感。

创新变革的"急先锋"

国家电网公司在"十二五"期间的发展战略中提出"三集五大"体系建设。国网承德供电公司作为试点单位，这个重担便落在了时任人力资源部主任王世君的身上。

面对这场涉及全公司、全业务、全员的体制机制改革，如何实现"从零到一"的突破是一个巨大的挑战。回忆起 2012 年的那场"硬仗"，王世君仍觉得压力巨大，如"千斤在担"。

"有时候人不逼自己一把，就不会知道自己的潜力有多大。"在他的带领下，人力资源部全体员工夜以继日调研、座谈、编写方案，用了半年多的时间，终于把"三集五大"的体系框架给搭了起来。

那段时间里，王世君瘦了10多斤，也是那个时候，他养成了在车上睡觉的习惯。王世君说："总是感觉时间不够用，车上睡一会儿，下车立刻工作，这样不耽误时间。"

2012 年 8 月，王世君调任国网隆化县供电公司经理，他又马不停蹄地在国网隆化县供电公司开展"三集五大"体系建设。凭着"在体系建设中争先晋位，在兄弟单位排列中做表率"的劲头，王世君带领国网隆化县供电公司按期高质量完成了"三集五大"改革任务。

攻坚克难的"带头人"

2016 年 7 月 31 日，锡盟—山东 1000 千伏特高压交流输变电工程正式投运，这其中凝结着王世君的努力与汗水。

"我们干工作就是要弘扬'攻坚克难、务期必成、务求必胜'的精神气概，大家心往一处使，就没有干不成的事儿。"调任国网隆化县供电公司经理后，王世君始终将落实责任、树立榜样放在首位，特别是面对特高压工程建设属地协调难度大、时间紧、任务重等诸多困难，他更是以身作则、率先垂范。

据了解，锡盟—山东 1000 千伏特高压交流输变电工程在隆化县域内需建设 1 座 1000 千伏串补站。该串补站是世界首座串补站，由于站址西侧为天然气管线，东侧与正在建设的御关线县级公路和升级加宽的 G111 国道有一定冲突，南侧为郭家屯镇三道营村，是人口密集居住区，也影响三道营北温泉旅游开发的总体规划，给工程协调造成极大难度。

为确保工程顺利开工，王世君带领团队积极与隆化县委、县政府沟通，协助工程设计单位多次到现场实地勘测，邀请相关单位召开现场协调会，认真分析工程协调的重点和难点，商议解决办法。他们战高温、斗严寒、解难题、保进度，确保了锡盟—山东串补站"四通一平"及站外电源工程提前竣工，线路工程隆化段顺利开展，锡盟—泰州直流工程成功启动。

谋划蓝图的"策划师"

2019 年，王世君编制完成《市中心城区"十四五"配电网规划方案》，打造配电网"新样本"。

2020 年，王世君签订《塞罕坝周边区域发展相关公用供电设施建设合作协议》，节约投资近 1 亿元；大力推动管理降损和技术降损，理论线损可算率、达标率分别提升 21.84 个、23.12 个百分点。

2021 年，王世君牵头负责"分布式光伏 + 电采暖"工作，倡导"以电定改"原则，保障 2.9 万户用户合理接入电网、安全可靠供电，全部工程提前取暖季 15 天竣工投产。

……

2018 年 8 月，王世君调任国网承德供电公司发展策划部主任，他迅速转变角色，立足实际，谋划公司发展蓝图。

王世君说："在发展策划部工作了 3 年 7 个月，在我看来仿佛只过了 3 个月零 7 天。每一天我都在想，怎么为公司提供更好的技术支撑，做出更好的规划，实现更大的效益，这个过程很辛苦，但是成就感也很大。"

劳模精神是什么？是爱岗敬业、争创一流，艰苦奋斗、勇于创新，淡泊名利、甘于奉献。工作岗位在变，不变的是融入血液的劳模精神，是深入骨髓的奋斗底色。

2022 年 3 月，王世君调任国网承德供电公司经济技术研究所所长，面对新的岗位、新的使命，王世君依旧激情满怀，蓝图在胸："接下来，我们的工作重点就是树立一个目标，实现'两个服务'，强化'三个突出'。充分调动年轻职工的积极性，让年轻职工看到希望，激发他们的斗志，进而擦亮研究所的品牌，为公司提供坚强的支撑，开拓更广阔的市场，为承德电力事业发展做出我们研究所的贡献！"

追求不懈创新不断 爱岗敬业乐于奉献

——记"河北省劳动模范"王立国

王立国是国网兴隆县供电公司六道河镇供电所所长，荣获"河北省劳动模范""承德好青年"等一系列荣誉称号。"扎实干事，诚实做事，处处带头，心想客户"，这不仅仅是他的座右铭，更是对他人生轨迹最好的诠释。

退伍不褪色 勇当行业尖兵

军人出身的他，进入电力系统后，始终保持一个军人的本色。为更好地掌握服务本领，他认真学习有关规程和业务知识，积极向前辈请教，钻业务、攻难关，为一些企业计算电压、线径、配变容量、无功补偿等提供合理可靠准确的数据，为用户安全生产打下了坚实的电力基础，受到了企业客户的认可，树立了供电企业良好的社会形象。王立国带领职工认真落实国家电网公司优质服务主题活动要求，全员发动、全力推进、全面提高，激发了广大员工的工作积极性，促进了优质服务工作有力、有序开展，收到了良好的成效。他组织供电所职工成立"蓝星共产党员服务队"，立足于供电所工作，带头做好优质供电服务，发扬党员的先锋模范作用。王立国在任平安堡镇供电所所长期间，狠抓设备治理，从变压器运行的一级漏电保护抓起，制定考核办法，责任落实到人，摸底后进行改造、安装、运行、维护。供电所88个综合变台，一级漏电保护运行率达到100%，三级漏电保护达96%以上。2013年，该所相关建设工作顺利通过公司验收，平安堡镇供电所被命名为"运维标准化示范供电所"，同年该所被评为"国家电网公司标准化示范供电所""中国最美金牌供电所"。

心中有客户 忠诚履行职责

一切为了客户，一切服务客户。心中有客户，美在细微处。他提出了"假如我是用电客户"的服务理念，推行"贴近式服务"，制作"亲情联系卡"，向用电客户发放。在村里，家家都有"电工名片"，人人都知道电工的手机号，有相熟的甚至能背出来。2014 年，他带领"蓝星共产党员服务队"结合实际开展了"五进五送"服务活动。他们进企业、送技术，与企业交流如何合理安排生产班次、避峰用电，从而节约成本、提高经济效益。2020 年他主动到扶贫点指导避峰用电工作，针对辖区内专变用户——山楂合作社（容量为 80 千伏安），他建议冷库利用低谷电能蓄冷储存山楂，每年为该合作社节约成本上万元，受到用户一致好评。他们进景区、送安全，检修景区内线路，确保旅游季节景区的用电安全。他们进校园、送知识，将安全用电知识送到课堂，教授孩子安全用电常识，确保自身用电安全。他们进农户、送服务，用真诚、主动的服务温暖民心，打造"可靠、可信赖"的服务品牌。他们进田间、送保障，为浇灌设备提供电力保障。

做好带头人 打造创新队伍

2018年11月，"王立国劳模创新工作室"被承德市总工会、承德市科学技术局命名为"王立国劳模和工匠人才创新工作室"。他作为工作室带头人，以"创新无止境，实践出真知"为口号，倡导将党员引领和创新创效实践工作相结合，以青年大讲堂、岗位练兵、技能竞赛、导师带徒等活动为平台，带领广大职工向知识型、技能型、创新型人才转变；同时，发挥技术攻关能力，帮助解决一线生产难题，激发广大职工创新创效的热情。在春检预试、秋检预试等现场工作中，采用各专业创新人才带队现场教学方式，使青年员工在学习和实践中拓展思路、提升技能，为打造优秀的创新创效队伍奠定了基础，为打造学习型、创新型、技能型职工队伍开辟了新的道路。他积极组织QC小组活动，研制出的"多功能电缆头液压钳""ZW7开关压簧工具""断路器弹簧安装工具"等创新成果均为企业创造了价值，每年产生经济效益近80万元。创新工作室研发专利29项，20余项创新成果获国家级、省级奖项。

"年轻人就是要肯吃苦，多学习才能有所成长，实现自身价值。"这是王立国在创新工作阶段总结会上最常说的一句话。截至 2022 年，他在一线负责人的岗位上已经干了 10 多个年头，担所长之责，操带头人之心，他从未计较过个人得失。他说："我喜欢电力这一行，只要能为国家做出贡献，干什么我都无怨无悔！"

立足岗位 奋发争先

——记"河北省劳动模范"王玉涛

苦练本领 业务精湛

"作为一名电力工人，只有不断为自己'充电'，掌握各种电力方面的专业技术，不断提高自己的文化底蕴，才能跟上新时代的步伐。"王玉涛通过多年的认真钻研和经验积累，熟练掌握了高低压线路、配电设备运行管理等专业技能和营销管理，从而使自己在工作中得心应手，圆满完成各项指标任务。他曾在多次"技能比武"中取得较好名次，2015年参加公司"服务之星"技能竞赛中被评为"技术能手"，同年还被评为"廊坊市十大杰出工人"、公司"优质服务先进个人"；2017年代表公司参加国家电网公司组织的"服务之星"技能竞赛，被评为国网"服务之星"。2015—2019年入选冀北优秀专家人才库。2019年被评为"河北省劳动模范"。

精益求精 引领创新

2012年5月，王玉涛带领全所职工创建了"王玉涛职工创新工作室"，成立了由他为组长的创新小组，制定了相关的制度和工作流程，将工作中遇到的难题变成课题，通过分组讨论的形式制定出解决方法，按照流程逐步实施。他先后研制出"轻体导线收放机""单面集装箱电气挂板""漏电开关背板""计量二次接线模具""计量箱防鸟挡板""低压绝缘操作杆"等18项发明成果。其中，"单面集装箱电气挂板"的研制效果显著，从试验结果上看，安装一块电能表可省约40%的时间，漏电开关和刀闸均可节省20%的时间，更换一块电能表可节省65%的时间，更换漏电开关和刀闸均可节省50%的时间，解决了安装和更换时耗费多余时间的问题。上述成果中有5项获奖，4项获国家实用新型专利。工作室于2014年被评为"廊坊市职工创新工作室"。此外，他还尝试技术革新，为公司发展铺平道路。作为试点的夏垫区域的南王庄村，经过改造，低压平均线损率为 3.6%，电压合格率为 100%，功率因数达到 0.98 以上，报修率几乎为 0。不仅为公司创造了效益，同时也提升了企业的品牌形象。他先后发表了《单面集装箱电气挂板的研制与应用》《台区同期线损异常数据治理与方法研究》等论文，并于 2013 年荣获"河北省第四届能工巧匠"称号。

培育人才　凝聚力量

王玉涛在管理创新方面也取得了突出成绩。他在担任夏垫镇供电所所长初期，因历史遗留问题较多，管理方式急需创新。由于夏垫镇是全县的经济重镇，售电量和设备总量均占全公司的 60% 以上，所以他深知责任重大，为尽快改变夏垫镇供电所的现状，他结合供电所实际拟定了十余项管理办法并逐一实施，取得了较为显著的效果。一是创新考核制度。激发员工最大潜力。他大胆进行班组制度、分配制度改革，在全所范围内全面试行精细化考核责任制。通过推行绩效考核机制，使员工立足岗位比安全、比管理、比作风、比服务，营造"你追我赶"的良好氛围，激发了员工活力，使员工的思想观念发生巨大变化。二是创新学习方式。他制定了"人人讲一课"活动制度。每名职工将各自岗位专业做成 PPT 课件，在每周例会前和大家分享，并在课后分小组进行点评。通过技能交换的形式，使全所职工形成了"向一切可以学习的人学习，向一切可以学习的事学习"的良好习惯，既达到了互相学习的目的，又可以使一些人通过这种有趣的学习方式收获自信、找到人生价值。三是建立"传、帮、带"机制。他认为"一个人有本领不算本事，要带动培育一个团队都有过硬本领，才是真本事"。工作生活中他充分发挥好"传、帮、带"的作用，带徒传艺，将自己多年积累的经验、技能毫无保留地与大家进行分享。经过 3 年精心传授，他所带领的团队技术普遍过硬，成为公司一支业务能力较强的职工队伍。他带领的团体曾获得"河北省先进班组""全国最美供电所"等荣誉称号，并通过五星级供电所验收。王玉涛担任营销部主任后，电费、业扩、计量、营配贯通等多项指标均在冀北排名前列。

如今，他依然在自己的岗位上默默奋斗着、拼搏着，"让自己更有价值，让工作更有成效"是他一直信奉的目标，也是他努力的方向。他觉得虽然在工作上已经小有成就，但是学无止境，今后要更加努力，书写一位普通的共产党员的炽热情怀。

弘扬劳模精神　争当时代先锋

——记"河北省劳动模范"孙中华

扎身"煤改电"　施工严把关

2017年，国家大力推进节能环保，减少大气污染，改善人民的生活环境。同年4月，开始推进"煤改电"工程。时任国网永清县供电公司后奕供电所所长的孙中华担负起了后奕镇辖区村街"煤改电"用电设备的改造工作，现场勘察、规划线路配变器位置、杆基的定位、数据统计等，每个环节他都严格把关。

施工期间，现场开工比较早，收工比较晚，为了确保各项工作安全，每天收工后他都要检查一遍施工现场。虽然单位离家只有3公里，但为了"煤改电"工程按期完工，他吃住在单位，最长一次2个月都没有回家。他的身影遍布每个施工现场，查看施工工艺、施工质量，随时提醒施工人员严格执行安全规程，各项工作他都安排布置得井井有条。有一次，在施工中有用户反映，不理解为何杆基架设在自己院外，得知用户顾虑后他亲自沟通协调，宣传讲解"煤改电"工程的重要意义和对用户冬季采暖的好处，消除了用户的顾虑。

2017年10月底，在他的带领下，后奕镇辖区17个村街的"煤改电"工程圆满完成，共升级改造低压线路110.89公里，改造新架10千伏线路71.2公里，新架（改造）综合配电变压器124台，涉及9632户低压用户。台区低压线路供电半径合理，提高了用户的电压质量，不会再有用户灯泡像"红火"一样的异常现象。整个施工过程中未出现任何安全事故，未发生任何因施工引起的用户投诉，未影响用户冬季取暖。

整治旧设备　靓化新城区

2019年，工作岗位变更到永清镇供电所的孙中华，带领所内职工积极投身城区电网建设。辖区10千伏线路在当时还是裸导线状态，运行时间长，恶劣天气易造成线路故障。为了设备安全健康运行，提高供电可靠率，他带领员工先后完成辖区8条10千伏线路绝缘线更换61.05公里，改造电缆16.14公里。针对低压台区线径细、配电变压器布局不合理且容量小、供电半径长、线路末端用户用电质量差的情况，他带领员工升级改造了12个村街的低压台区线路62.16公里，电缆5.3公里，增容综合配电变压器36台，容量达15400千伏安，有效提高了5378户的用电质量，使辖区的设备大大提升了安全运行水平。

2021年为助力当地政府"创城"工作，美化亮化城区街道，在保证安全第一、质量第一的情况下，孙中华带领员工，对城区6条10千伏线路和80个背街小巷的低压设备交越乱搭、凌乱垂落现象进行了整治。他把责任落实到人，明确分工，协调园林部门对影响线路安全运行的1032棵绿化树进行了修剪；与移动部门沟通协调，清理弱电寄挂830处，对130个配电柜、分线箱、表箱进行喷涂，更换82个老旧破损表箱；同时，强化改造区域的安全管控，随时与政府创城办联系，按时上报施工进度和设备整治情况。通过细致周全的科学整治，使城区内的用电设备安全、规范、美观。

工作中，孙中华始终遵循"以客户为中心，优化营商环境"的服务理念，践行"人民电业为人民"的企业宗旨，坚持"创新服务、超前服务"的理念，同员工进企业、下车间，对辖区220户企业进行了实地面对面走访。他耐心向用户宣传解答优化营商环境的相关问题，从用户实际出发，建立和实施用户联系制度，及时了解企业用电状况，千方百计地帮助企业解决用电的实际难题，为发展县域经济、靓丽百姓生活作出了巨大的贡献！

全力抗疫情　一心保供电

面对疫情，他坚定理想信念，始终和党中央保持高度一致，坚决贯彻落实党中央关于疫情防控的重要部署。3年来，他带领党员服务队不畏艰险，攻坚克难，始终奋战在抗疫情、保供电的最前线。对永清县县委、县政府、县人大、县政协、县人民医院、中医医院、卫生防疫站、电视台等重点单位的线路设备进行定期巡视监测，从未间断过村街、街道、小区70个卡点用电情况的排查工作，全力保障重点单位和卡点的正常用电。长时间高强度的工作让他的高血压一直不能得到很好地控制，但是他没有退缩，仍旧主动靠前服务，为夺取疫情防控的全面胜利积极贡献自己的全部力量，真正发挥了党员的模范带头作用。

一直在路上

——记"河北省劳动模范"邢东宇

从一名消防战士到配电检修专家，邢东宇用在平凡岗位上三十载的坚守与付出书写出朴实而又闪亮的奋斗篇章。

从"门外汉"到"百事通"

曾是消防支队班长的邢东宇转业到国网唐山供电公司从事配电检修工作。"刚工作那会儿，我算是配电的'门外汉'。"邢东宇回忆道，"但无论是消防还是供电，都是为人民服务，只要为人民服务，就一定难不倒我！"

于是，常年和消防栓、灭火器打交道的邢东宇，拿出那股子跟烈火较劲儿的信念，越是不懂的地方越想弄明白，越是困难的事情干起来越有劲头。那时候互联网还不发达，邢东宇上班就跟在老师傅后面学技能，下了班就扎进书堆里补知识，从零开始，一点一滴地去学，在一次次抢修中锻炼，逐渐成长为配电专业独当一面的技术能手。

对于邢东宇而言，巡线跟抢修就是每天的工作内容，"你不知道什么时候哪条线路会出现问题，所以就得一条路一条路地走，一天大部分时间都在车上。"

2017 年 9 月 30 日，"十九大"保电工作全面展开。经历了北京奥运会、世博会等重大保电战役的邢东宇，主动放弃了所有的休息时间，昼夜奔走在特级巡护的线路上。10 月 21 日，一场秋雨，让郊外的巡护线路极为湿滑泥泞，邢东宇深一脚浅一脚，不知道摔了多少跤，有人劝他休息一下，他却说："我又不是泥捏的，摔个跟头算啥！"直到晚上回到家里，他才发现小腿上被尖锐的石头划出了一道深深的伤痕，鲜血和泥水已经浸湿了半条裤腿。

从"小工头"到"邢师父"

邢东宇视故障如命令，一个报修电话，无论白天黑夜、工作休息，他总是第一时间赶到现场处理故障。但有时只求快也会产生负面影响，譬如夜间施工扰民造成投诉等问题随之而来，邢东宇逐渐意识到换位思考、将心比心的重要性。

2018年9月的一天，晚上8点多，他接到电话："48号小区一箱变因客户用电不当造成损毁，需要更换，但因周围树木围绕无法施工。"他放下电话后急速赶往现场，及时联系园林部门。在抢修现场，为避免夜间作业打扰居民休息，他和同事在清理树障时尽量用树剪、木锯代替电锯，有效减小了噪声。虽然增加了工作难度，但邢东宇觉得值得。午夜1点多，终于安全更换了新的箱变，小区恢复正常供电，此时他们已连续奋战了5个多小时。

2018年12月，邢东宇负责的荷花坑老城区配电设施改造全面展开，然而他们遇到了工作之外的困难。原来，此次重点改造地区涉及蔬菜批发市场、小商品市场及商业街，人车密集，24小时人流不断，因施工过程会临时停电，有部分商户不理解、有顾虑。为推动施工改造，邢东宇创新使用"三节点沟通法"，利用改造前一周、前三天、前一天三个时间节点，和同事一起与当地商户居民及市场人员耐心讲解、沟通协调，把现在用电存在安全隐患及改造后的好处讲清楚，争取用户理解，使得这些商户居民都积极配合改造施工。

亲切的沟通加深了相互理解，邢东宇开始和群众熟稔起来。平易近人的作风，让许多之前误以为他是"小工头"的群众改了口，亲切称他为"邢师傅"。

从"苦着干"到"巧着干"

"一到夏天，配电线路的拉线、接地线以及变压器台架上就会爬满各种藤类杂草，给运行中的电力设备带来重大安全隐患，而手动清理时，又容易发生人员触电事故。"面对生产中遇到问题，邢东宇决定啃一啃这块"硬骨头"。

"怎样才能既有效清理杂草，又保证作业安全呢？"邢东宇利用业余时间，搜集资料，经过多次论证试验，他把目光放在了绝缘拉杆上，对其加装改进，以"拉杆接头"为转换器，与改造好的镰刀、手锯、扁铲连接，这样不仅可以安全地清理各种藤类杂草，还能通过简单地更换拉杆底座，安装和拆除电杆号牌。不仅保证了工作安全，还大大缩短了作业时间。该成果获得了国家发明专利及实用新型专利授权。

2021年冬，作为带电作业技术负责人的邢东宇，在10千伏贾海线贾开524-38号杆成功完成北方地区首次配网不停电作业智能机器人带电断引线，核心环节用时较人工方式缩短近50%，极大提升了作业安全水平，为冬春电力保供再添新"战力"。

如今，邢东宇带领的创新团队共研发创新成果70余项，其中有6项获得发明专利，35项获得国家实用新型专利。他研发的"配电架空线路组合型多用途绝缘拉杆操作工器具"还荣获"国家电网公司群众创新实践活动优秀成果奖"。

把每件事都做得完美

——记"河北省劳动模范"刘会生

1991 年 7 月，一个电力学校毕业生，满怀热血青春，走上工作岗位，历经变电站主值值班员、值长、用电管理处副主任、营销处综合管理部主任、车辆管理中心主任多个岗位更迭，随着岁月的年轮，迅速成长为公司独当一面的团队领军人物。他就是国网廊坊供电公司副总工程师刘会生。

虽然经历多个岗位的历练，但了解刘会生的人都说："这个人干什么都是兢兢业业，追求精益求精，把每件事都做得完美，力求无愧于心。"

作为一名企业管理人员，刘会生牢固树立"四个意识"和"四个自信"，励精图治，大胆创新，勇于实践，不断学习专业知识。"打铁还需自身硬，要做好为民服务，首先就要业务和技术过硬。"刘会生坚守这一信条，从来不放松对自己的要求。他本来就是发电厂及电力系统专业毕业的"科班出身"，但在工作实践中还像海绵一样大量吸收着相关知识和信息。担任国网廊坊供电公司用电管理处副主任时，他利用业余时间进修了河北工业大学计算机及应用专业，其后又在中共河北省委党校函授学院经济管理专业学习，获得本科学历。担任国网廊坊供电公司车辆管理中心主任期间，他又在河北工业大学电气工程及其自动化专业学习，拿下了相关专业的学士学位。知识是人类进步的阶梯，刘会生沿着这个阶梯不知疲倦地充实自己的专业知识，并在工作实践中实现了完美的攀登。

作为一名"电力先行官"，刘会生始终感觉重任在肩，不敢有丝毫懈怠，同时勇于面对工作中的难题和困难，立足本职岗位，积极总结工作经验，力求把工作做得完美。特高压工程是国家电网公司的"一号工程"，他把协调配合和全面推进特高压工作视为肩负着的重大政治责任。"建设特高压，责任无比重大，使命无上光荣"，他是这样说的，也是这样做的。2017 年，他先后组织参与两条特高压线路，4 条 110 千伏、220 千伏线路的属地协调和变电站增容工作。他深入一线化解施工占地矛盾，完成西盟至泰州、扎鲁特至青州两条特高压的属地协调任务，确保了该工程于 9 月 20 日按时投运；完成顾家屯 110 千伏变电站主变增容工程的属地协调任务，确保了该工程于 7 月提前投运；完成蒋罗、淑罗 110 千伏线路和罗屯 110 千伏变电站的属地协调任务，确保了罗屯 110 千伏变电站于 10 月顺利投运；完成蒋辛屯 220 千伏线路工程属地协调任务，确保了蒋辛屯 220 千伏变电站于 12 月 1 日投运；完成西马窝 110 千伏线路工程、蒋辛屯 110 千伏线路配套工程的属地协调任务，为该工程按期投运、为香河县域的可靠供电提供了坚强的保障。

天道酬勤，人道酬诚。刘会生率领香河电力人凝心聚力，攻难克坚，紧紧围绕京津冀协同发展战略，全力开展特高压工程属地协调工作，保障了香河境内各项特高压工程顺利实施。不远的未来，香河境内将共有"一交两直"三条特高压线路，分别为锡盟—山东交流工程和锡盟—泰州直流工程、扎鲁特—青州直流工程。三条线路过境香河总长约 69 公里，铁塔 138 基，在廊坊各区县中香河是过境长度最长、塔基数量最多的地区。

作为一名基层公司"首席执行官"，刘会生牢记肩上的责任和重担，不忘为民初心，求真务实，与时俱进，埋头苦干，高质高效、出色完美地完成了每一项电力保障任务。在农村电力设施隐患排查治理工作中，他带领相关业务部门的专业技术人员深入最前沿，共计发现设备隐患 13332 处，完成整改 13332 处，圆满完成全国"两会"、香河家居文化节、党的十九大等的保电任务。

电网无声，人心有碑。近年来，做事力求完美的刘会生先后多次被评为"华北电网有限公司先进工作者""节能管理先进个人"，完美地诠释了他"把每件事都做得完美"的无悔人生。

让工匠精神在农网一线闪光

——记"河北省劳动模范"吕军杰

电力行业的追梦人

"人，要为自己设定一个目标，工作和学习才会有方向和动力。"这是吕军杰几十年人生经验带来的感悟。

吕军杰于 1984 年参加工作，第一个岗位是 35 千伏变电站值班员。面对变电设备和几十种软件资料，他暗下决心："三个月内具备独立操作、独立值班能力！"正值冬天，变电站没有像样的取暖设施，他就穿着棉大衣、围着电炉子，自学变电值班知识。很快，他便进入了角色，不仅学会了软件资料的填写，还掌握了倒闸操作、设备检修知识。吕军杰所在变电站在唐山供电公司组织的 10 个县公司变电站年度评比中，连续 3 年取得第一名的好成绩。

到用电科工作后，他又把规范配电现场管理作为工作目标，从改变破烂不堪、管理粗放的低压配电现场入手，编制了用电现场管理制度、修订了季度联查考核办法、设计了标准配电室施工图纸、改进了低压配电柜制作标准、明确了计量装置接线工艺、设计了用户 10 千伏计量柜防窃电门锁。很快，低矮破旧的农村配电室消失了！取而代之的是工矿企业新建的宽敞明亮的高压配电室！专变用户的窃电行为被杜绝、线损管理方法和效果一直延续至今！

工匠精神的践行人

吕军杰常说："电力行业同样需要工匠精神，只有把每一项工作都当成艺术品去精雕细琢，才能真正把工作干出高标准。"

1998 年农网改造，工期紧、覆盖面广、任务繁重，县公司面临从未有过的困难和考验。吕军杰临危受命，担任低压科长，具体负责农网改造工程的组织实施。每天上午都到现场进行勘查、规划、设计，下午回来后审批图纸和施工材料，从现状调查、线路规划、金具设计到材料发放、施工安排、进度统计，每个环节都是精益求精，力求完美。他针对黑铁表箱易生锈坏损、使用寿命短的问题，提出了白铁表箱替代方案，使用寿命延长 10 年以上，不仅提高了工艺水平，还为公司节省了后期更换费用 2400 万元。

担任安监部主任后，吕军杰把严谨的工匠精神融入到日常工作之中，担负起守护员工生命安全的使命和责任。为解决用户发电机反送电事故，他通过大量的现场调研，设计了一种能有效防止用户发电机向供电线路反送电的十二线闸，并制定了配套的管理制度和考核方法，用一年时间，完成了辖区内 1200 余台用户发电机十二线闸的普及推广，长期以来再未发生过反送电伤人事故。

创新路上的引领人

一起作业人员高处坠落事故，引发了吕军杰对防坠落安全保护装置的高度关注。他设计、研发了 6 款电线杆防滑落安全带，能在登杆作业人员上下电线杆的过程中，因动作失误造成脚扣下滑以及受伤、发病、失去知觉的情况下，将作业人员自动悬停在电线杆上，保证了登杆人员不会发生摔落事故。

吕军杰创新工作室成立后，创新项目也从安全生产方面扩展到了查窃电、降线损领域，从 10 千伏窃电监测仪、电量监察智能开关，到低压台区窃电分析仪等，共取得创新创效成果 85 项，获得国家专利 61 项、欧盟专利 1 项，发表论文 36 篇，每年为公司增加经济效益 66 万元、减少电费损失 420 万元，累计为公司节省费用 2697 万元，累计为用户和社会企业创造经济效益 3.5 亿元。

大江流日夜，风正一帆悬。国家电网公司科技创新工作的号角，给国网唐山市丰润区供电分公司的创新工作指明了方向。作为创新工作室的带头人，吕军杰为自己制定了新的目标，他将带领公司创新团队，努力拼搏，再创佳绩，再攀高峰。

越是艰辛越向前

——记"河北省劳动模范"许学超

隐患排查

2022 年 2 月 10 日 13 时，夏龙线、夏堂线同时发生故障，当时正值许学超刚调任运维检修部主任之际，听说该线路相同的故障已经发生 8 次，"一定是巡视不到位，还有没发现的问题，要追查到底！"他放下吃了一半的盒饭，抄起安全帽就赶赴现场。他带领运维检修部人员对所有杆塔进行巡视，深一脚浅一脚地踩在雪水里。"咱们去那边看看。"他手一指，远远看去，一个水坑旁的杆塔看起来并没有什么异常，但是道路十分泥泞，好不容易走到跟前，才发现地下散落着鸟类烧焦的尸体，线路电缆终端烧灼痕迹明显，找到了原因，许学超松了一口气，全然没注意到已经裹满泥的鞋子。

巡视

"我们要把线路认真巡视一遍，发现隐患要及时记录并消除。"许学超调任运维检修部的第一件事就是安排巡视霸州辖区内的供电线路，要对线路设备进行全方位的体检。此时刚下过大雪，田野里的冰雪尚未完全消融，道路泥泞陷足，车轮只能原地打转。"车辆到不了的地方我们走着也要巡视完。"他带领工作人员穿过野地，走过结冰的河面。"越是难以巡视的地方，越容易出现问题，这就是考验我们的地方。"他一边说一边仔细记录线路上的各种安全隐患，返程时，天黑路滑，他一个趔趄，跌倒在冰面上久久站不起身，即便如此他也没有声张，第二天依旧出现在线路巡视的队伍里。

安全

安全是电网运行的首要任务，基层成长起来的他深以为然。他牢牢把握安全关，以员工生命安全为第一责任，在自己学习的同时想尽办法提升大家的安全意识。

他集合生产一线人员每周进行安规和专业技能测试，为了打消大家的抵触情绪，他以身作则带头拿起了《安规》学习，总是第一个完成试卷，这成功调动了老师傅们的学习热情。作业现场前的碰头会抓实、抓紧现场危险点，变电检修的现场、零点工程的现场、事故抢修的现场，都能看到他的身影，他把身体当作工作班成员的安全围栏，一直驻守在危险点附近，确保了配电网施工作业、运维检修安全局面。

电力保障

2022 年 3 月以来，廊坊地区突发疫情，为了保证防控期间电网安全稳定运行，许学超带领运检部工作骨干"落户"单位，24 小时值守。面对运检部人员配置紧缺的问题，他又说出了自己的口头语："越是艰辛越向前，咱们可是电网铁军！"他是主任、是线路巡视员、是设备抢修员……在有序组织疫情防控和电力生产工作的同时及时安排调整运维检修人员，确保核心工作顺利进行。疫情防控期间，运检部相继接到为煎茶铺隔离点和 PCR 方舱实验室紧急送电的任务。许学超带领技术骨干赶赴现场进行电源点勘察，几个昼夜的默默付出，方舱隔离点电源从施工建设到成功送电仅仅用时 24 小时。

创新

许学超一直致力于运维检修新技术推广与应用工作中遇到的难题，他从不放弃，总是想方设法解决。2022 年 3 月 20 日，"有一块防尘网搭挂在同杆并架的 35 千伏辛老线、辛武线 4 号杆和 5 号杆之间，严重影响线路安全运行，需要赶紧处理！"运维检修部接到防疫保供特巡人员险情汇报，许学超立即组织人员前往现场勘察并制订了两种消缺方案，同时跟进。在多方协调支持下，最终选用"激光炮"操作并圆满完成任务。这是国网霸州市供电公司首次采用"激光炮"——电网异物远程清除器，消缺电杆异物。3 月 17 日，霸州公司首次采用无人机巡检，成功完成关键点位测温和户外设备全覆盖式可见光巡检。4 月 22 日，霸州公司首次采用地电位作业法带电处理 35 千伏变电站接头过热缺陷。新技术的应用简化了作业步骤，减少了停电时间，为霸州市供电公司的运检工作带来了新的活力，拓展了带电作业的深度与广度。

许学超就是这样一位责任心极强、踏实肯干、勤奋刻苦的电力人，在平凡的岗位上做出了不平凡的业绩。无论在什么岗位上，他依旧保持初心，践行着"人民电业为人民"的企业宗旨，用一腔热血守护着万家灯火。

勤中力学如力耕

——记"河北省劳动模范"任俊

二次专业的技术工匠

"时间都是挤出来的，我们应该花更多的时间在专业技能和理论知识的夯实上，不只是会干现场，还要明白为什么这样干。不但要知道方法，还要知道原理！"在青水变电站220千伏母线保护技改现场，任俊向现场的工作班组成员提出了更高的要求。

任俊是青年成才的典范。自参加工作以来，一直扎根在一线。他总是利用工作之余的时间学习，只要是工作中遇到的问题，与专业相关的难点，都会想办法、花时间去钻研透彻，弄明白。他通过自学，熟练掌握电力行业专业英语，阅读继电保护的英文资料和装置说明书，能做到与外方专家顺畅交流。更是在2004年全国继电保护工技能竞赛中取得个人全国第九，团体全国第二的好成绩。

在他的主导下，张家口地区二次设备的装备水平始终处于领先地位。大量的技改、大修、基建工程中，任俊起着"定海神针"的作用，只要他到现场，所有人的心都踏实了一半。他精于事故分析，有时仅用十几分钟，就能精确定位故障区间。

2019年，任俊带领着一支人数只有44人的队伍，完成包括红旗营等三座涉奥站在内的共计六座220千伏变电站，四座涉奥站在内的七座110千伏变电站的基建验收工作。为确保涉奥变电站二次系统零缺陷投运，任俊对每个站的二次图纸都反复审核，提出整改意见78条。验收现场他都全程监督，并形成张家口地区智能站所有保护类二次设备的验收规范，做到了全覆盖、全流程管理。

善于总结的"规范控"

在2022年冬奥相关工程建设中，他全过程参与相关变电站的前期设计、图纸审核、现场验收等各个环节，结合已经投运的智能变电站存在的问题，制定了《张家口电网智能变电站设计建议》，对设计中涉及的工程要点进行了详细的要求，并主导编写了智能变电站保护验收的标准化流程，保证了全部工程二次系统的安全投运。

与此同时，他还参加了电力行业标准《继电保护检验规范》的编写和审定工作。参与编写了国家电网公司《串联电容器补偿装置运行规范》专业标准。针对高压设备配合二次系统的接口要求，主持起草了《高压设备二次回路标准化设计规范》，从二次系统的角度，对一次设备继电保护及自动化的配合进行了详细的论述，实现了高压设备内二次回路的标准化配置。目前，该项标准已作为国网标准下发执行。

他积极参与奥运崇礼赛区 10 千伏配网保护方案的制订，从运行可靠性的角度出发，针对小电阻接地方式，主持制订配置及改造方案。结合现场运行习惯及维护便利性，对变电站目前的二次回路编号系统、信息化点表、保护装置配置及回路进行规范，并形成了张家口电网独有的二次回路编号系统、信息化点表，进而实现了全地区主网变电站二次回路"一个标准、一个体系、一个要求"。

传帮带的"好老师"

2022 年 5 月 31 日，任俊像往常一样，组织了专业课程培训，采用线上线下同时进行的方式，讲授了备自投和主变保护的相关知识，并针对现场应该注意的情况进行深入阐述。这在国网张家口供电公司二次检修中心是一件习以为常的事情，他每次授课都会结合现场工作和经典案例展开，使学员有代入感，且对理论知识有更清晰的理解。所以他的每次授课还会吸引很多其他专业的人员来旁听。

他授课的方式多种多样：有时是专题形式，针对员工技能的薄弱点专门讲授；有时是考试形式，针对员工答题情况，解决知识盲区；有时是在工作现场，针对技能技巧，对大家传授经验；有时是复杂的事故分析，将事故过程抽丝剥茧般地捋顺了给大家解析明白。为此，他连续两届被聘任为华北电网有限公司华北电力技术院生产技能专家，并于 2007 年被中国电力企业联合会评选为"全国电力教育培训新星"。他同样重视员工在一线、在工作现场的磨炼，因为只有这样才能做到学以致用，才能知行并进。而勤奋肯干、躬身笃行是他扎根一线所收获的受益一生的品质。

"在工作中学习，在学习中工作。"他经常这样鼓励自己和员工。而他不单这样说了，也是这样做的，更是这样影响了身边一批又一批的人。

冲锋在前的一面旗帜

——记"河北省劳动模范"任燕鹏

运筹帷幄的管理能手

任燕鹏从事党群管理工作已有10年，他带头坚决贯彻国网张家口供电公司党委和上级组织的决策部署，站在全局的高度主动调高工作标尺。他以标准化和信息化管理联动模式推动工会工作创新发展，组织开展公司职工创新创效的"一推两提三促进"活动，争取配套资金，落实应用责任，推进创新成果在更大范围的推广应用；积极探索实践"五型"班组创建工作，并得到全国总工会相关领导的高度评价；制定边远乡镇供电所职工小家建设帮扶方案，支持一线班组改善食堂等生活设施，建职工满意的"职工小家"。

2014年10月，他开始负责部门党工团全面工作，一个人挑着三副担子，一干就是两年。一份份材料、一个个方案、一项项活动、一次次现场办公，他夜以继日，倾尽心血。面对繁重的工作压力，他也有挺不住的时候，病了就白天坚持工作，晚上去小诊所输液；口腔手术也尽量放在周五，休息两天继续工作。党群工作看似是"软活"，但他给电力事业注入的是敢担当敢作为的"硬气"——《以标杆管理提升企业文化在加强党组织建设中的作用》《以"五旗"管理打造共产党员服务队先锋工程助力全球能源互联网创新示范区建设》等一批创新成果公开发表并获得省级表彰。

脱贫攻坚的模范先锋

2018年3月，任燕鹏受公司委派来到孟家堡村，担任脱贫攻坚驻村第一书记。他瞒着精神障碍的母亲重新出发，用真情和实干担起脱贫攻坚的重任，一步一步走进村民的心坎里。现在孟家堡村民们嘴边常挂着一句话："孟家堡从来没有这么好过！多亏了任书记。"他带领大家从民意、民风、民俗、民望四个维度，实施党建示范村创建策略。规范村"两委"运作，创造性提出"十上三议两落实"民主议事工作新流程，在村内打造党建长廊、民风街和村史馆，开设支教课堂，持续开展广场舞、秧歌等文化活动，凝聚村民共同发展的强烈意愿和强大动能。

2018年年底，正值孟家堡整村脱贫摘帽的关键时期，他的爱人确诊为恶性淋巴肿瘤，他一边积极陪爱人治疗，一边坚守在脱贫攻坚和乡村振兴的阵地上。他铮铮地挺着硬骨头，确立"一位五区"的发展规划，以党建示范村为定位，推进光伏区、种植区、大棚区、养殖区、工业区5个方面的产业发展。以"公司＋合作社＋农户"的形式推进孟家堡绿色贡米品牌，在国家电网公司电商等平台上线销售，为村民创收18.4万元。他将公司和政府投资建设光伏产业收益分配与脱贫内源机制相结合，实施"三优两创一结合"工作模式，创新"孝老务工奖励"机制，向贫困户支付工费28.9万元。制定《双向积分美丽家园管理办法》，从道德建设、村容村貌、脱贫攻坚等方面实行积分考评，实现医保全覆盖、老人发补贴、大学生给奖励，以管理兑现的方式分配光伏产业收益。建设集体产业中心，承揽光伏区除草、擦拭等务工，建设米面加工坊，带领村民彻底脱贫致富。

冬奥保障的指挥官

2021年5月，圆满完成脱贫攻坚工作的他再次肩负起新的责任和使命，投入到冬奥供电保障工作中。"张家口作为冬奥供电保障的主战场，我们的责任重大、使命光荣，一定要提高政治站位，扛起使命担当，扎实落实电力保障措施，全力做好供电保障工作。"任燕鹏在冬残奥会火炬传递点督导检查供电保障工作时，向保电队员作部署动员。按照公司班子成员分工，任燕鹏担任冬奥供电保障张家口分指挥部指挥员、办公室主任、信通保障工作组组长，负责张家口分指挥部冬奥保障方案制订执行及日常安全生产工作。

"我们的首要任务应当优化供电保障组织和工作体系，健全统一指挥高效运转模式。"任燕鹏说。他组织"一办八组"召开周例会优化升级保电方案，确定指挥体系及职责界面，理顺指挥通信、缺陷汇报处理等流程，关注重要用户线路分支排查、发电车接入等关键环节，压实专业工作标准，差异化配置驻守、巡视和抢修力量，动态修编子方案，形成32个团队169个小组的分区定位"指挥图"，为保电工作的顺利开展打下坚实基础，同时稳步推进设备治理和管控。他落实"三项表单"进度，完成涉奥输变配设备的带电检测、检修预试，以及保护装置校验等工作，累计治理各类缺陷、隐患1114项，实现缺陷隐患"双清零"；并且积极开展输电线路直流融冰、倒杆断线、车辆交通、物资调配、安全保卫等综合演练，提升应急处置能力。

知行合一 守正笃实 抒写不一样的人生

——记"河北省劳动模范"李木文

斗转星移，难的是记住每个流星划过的瞬间；日拱一卒，贵的是前行每步的坚持与努力。李木文就是这样一个人，胸怀电魂，脚踏实地，以高昂的工作热情和积极的工作态度，忘我地投入到挚爱的事业中，在平凡的岗位上做出了不平凡的业绩。

高瞻远瞩，铸造精益稳定的坚强电网

李木文自参加工作以来，先后从事输电线路运维、经营、安全管理等各方面工作。他调任输电工区主任两年期间，输电工区发生了根本性转变，从过去的问题车间转变为先进车间，职工精神面貌也发生了质的变化。从事输电管理工作之后，他完善了专业组织、计划管理，编制了设备巡视手册，完成运行线路现场照片和 GPS 坐标定位收集整理，建立健全输电线路图片信息库和杆塔 GPS 坐标库。他带头以"输电线路精益化管理"为主线，打造精益化的运维管理体系，积极配合东北大通道联网工程 500 千伏高天三回施工、昌天线施工，确保重点项目按期投运。工作中，他完善"危险点、房屋、树木、交叉跨越、防汛防撞"五个专项台账，以台账动态管理为手段，充分发挥政企、警企联合机制作用，积极争取政府支持，促成了秦皇岛市工信局联合安全监局下发《关于开展电力线路保护区内树障清理专项行动的通知》，成立了以工信局局长、安监局局长为组长的专项行动领导小组，电力设施保护防控成效显著，破解了线路走廊治理难题。

统筹兼顾，练就奉献创新的安全尖兵

李木文严格执行安全生产责任制，查缺补漏，履职尽责。年初组织每一位职工签订安全生产责任状，防止出现责任真空。日常管理中，严格要求安全管理人员各司其位，各负其责，组织开展春（秋）季安全大检查、"三查三强化"和冬季专项安全大检查等专项工作，进一

步夯实公司安全管理基础。他组织修编《安全生产综合应急预案》和《大面积停电事件应急预案》，并于 2017 年、2018 年先后联合秦皇岛市人民政府开展"大面积停电暨'十九大'保供电应急演练""秦皇岛市大面积停电暨'旅游旺季'保电应急演练"，均取得圆满成功，并在国家电网范围内进行同步展播。他积极组织安全培训，认真落实"领导干部上讲台"活动，百忙之中抽出时间认真备课，结合公司安全生产工作现状，以"强化本质安全建设，提升全员安全意识"为主题，阐述"安全第一"的深刻内涵。参训学员在课下交流时，无不感慨万干："听李老师讲课，尤其讲到自身经历时，特别吸引人、打动人、激励人，他们是我们身边最好的榜样。"

弘扬正气，打造安全进步的公益文化

自2013年全省安全生产志愿服务工作启动以来，李木文一直秉持"奉献、友爱、互助、进步"的精神开展志愿活动，亲自组织、参与了几十次志愿者公益活动，受到各级组织和社会的好评，也赢得了广大志愿者的普遍赞誉。电网是关系国计民生和国家能源安全的重要基础，确保电网安全运行和电力可靠供应是公司履行政治责任、经济责任和社会责任的根本要求。李木文自担任安监部主任以来，积极推进电力设施保护宣传，多方协调市应急局、工信局、公安局等单位，拍摄电力设施保护专题系列节目，并在秦皇岛电视台新闻频道《天天安全》栏目播放。他组织制作的《线下防大型机械施工》宣传片被国家电网公司《电网安全》音像期刊采用，在全国发行。他认真部署电力设施保护宣传月宣传工作，认真制订活动方案，每年印发宣传单5000余份；组织开展电力设施保护宣传进社区活动，制作2分钟的宣传短片，并采取微信推送和市政宣传大屏滚动播放的方式进行宣传，取得了良好的效果。

有道是："攀得半山休道远，还需健履上高峰。"电力安全事业任重而道远，今后的工作中，李木文将继续秉持初心，守正创新，一定会留下更加闪光的足迹，铺就平凡人生的风采路。

到基层成长 在一线闪光

——记"河北省劳动模范"张永祥

张永祥从踏上工作岗位的第一天起，就下定决心要为电力事业奉献自己光和热，并把它作为自己的毕生追求，用执着与坚守践行一名供电人的职责与担当。

安全生产的"先行者"

针对本所青年职工较多的情况，张永祥为了强化青年职工的安全生产意识，定期组织全体职工开展安全大检查，消除各种隐患，把事故消灭在萌芽状态。他每月组织一次安规知识学习，并不定期对岗位上的青年职工进行安规知识考核；长期坚持"两票三制"等安全规程制度的落实，发现违规和违章现象则进行严肃处理，并举一反三及时教育青年职工要注意安全，不断总结经验吸取教训，严格执行安全操作规程，使全所安全管理逐步走向了科学化、规范化；通过开展技术练兵，夯实业务基础，2012年，德归供电所被评为华北电网有限公司"青年安全生产示范岗"。

电网安全的"守护者"

从"根"抓牢，全面展开农村配网改造。随着近几年村级企业的兴起和居民用电量的大幅提升，辖区内大部分村内的原有低压线路日趋老化、线号过细的问题日益凸显，加上居民宅基地的不断扩张，低压电网的供电能力已远不能满足用电需求。为此张永祥积极请示局相关部门，从"根"抓起，对急需改造的村街进行了实地勘察和设计，逐步进行低压配网设施的改造。

从"中"清理，彻底清除线下树障。针对辖区内电力线路下存在树障的实际情况，张永祥积极和镇党委政府、公安派出所以及相关的部门进行了沟通协调，集中开展为期一个月的树障专项清理活动，共清除、移栽、修剪各电压等级下的违章树木2万余株，制止新栽树木行为5起、新建建筑7起。

从"乱"治理，坚决清理私拉乱接。随着电信、电视事业的普及和发展，德归辖区内通信线路、有线电视信号传输线路、宽带网线路及灯箱广告线等弱电线路违章"借用"电力线路杆和路灯杆架设的现象日益严重。张永祥带领德归供电所全面展开清理"弱电"线路和私拉乱接工作，制定了"谁主管、谁负责"的工作制度，通过张贴宣传单、入户走访宣传弱电线路与电力线路同架带来的危害，同时积极开展清理工作，活动共清理弱电和私拉乱接点6700多处，有力地排除了线路中的安全隐患。

从"梢"管细，对用户三级保安器进行普检。针对夏季雨水多、屋内结构受潮容易发生漏电事故的实际，张永祥组织农电工对全镇所有村街用户的三级保安器开展了为期半个月的安全检查，通过检查三级保安器接线情况，保安器试跳等环节，并对检查出没有安装保安器的用户进行做工作安装，使全镇所有行政村3000多户三级漏电安装率、试跳合格率全部达到100%，进一步夯实了安全基础。

服务为民的"践行者"

2012年县供电公司与辖区北德归村结为帮扶村，他成为县公司代表。作为全县农村电力建设的排头军和全县第一批与行政村结对的文明单位，县供电公司认真响应县委、县政府号召，积极投身"文明单位文明行"活动。2012年与北德归村结成帮扶对子，从实际出发，为帮扶村做了很多工作。如今的北德归村整洁的水泥路，清一色的墙壁，彩色的地砖……在村街道上行走，犹如走进了城市社区。在工作队的帮助下，他们对全村线路进行了整体改造，新安装200千伏安变压器1台，新增电杆16基，新架0.4千伏线路1038米。改造后的电网电压质量、安全系数大大提高，从根本上满足了当地生产、生活需要。此次帮扶活动完成村内道路硬化3.2千米，建成公园一个，新增路灯45盏，新建村卫生所和配电室。

扶危助困的"推动者"

51岁的李庆成，是德归供电所的一名老职工。11月4日，李庆成上班期间，突发脑出血，一场灾难降临到这位老大哥身上。病魔无情人有情！他倡议全体职工为老大哥捐款，张永祥说："庆成哥作为我们的同事、老大哥，在他有困难的时候，我们应该给他帮助。钱不在多少，但体现我们的兄弟情义。"张永祥率先捐款2000元，在他的倡导下，共得捐款21000余元。

张永祥的付出得到了百姓和公司领导、县委县政府的肯定，他被文安县政府授予"文安县第二届十大杰出青年"称号；所在单位2009年华北电网有限公司率先评为标准化示范供电所；2010年度获得"文安县勤廉兼优先进个人"称号；2011年被评为"国网廊坊供电公司优秀员工"；2012年度荣获"廊坊市新长征突击手"称号，被评为"文安县先进人大代表"；2013年被评为"廊坊市第三届十大杰出工人"，2014年被评为"河北省劳动模范"。

安全生产的"守护神"

——记"河北省劳动模范"张西术

从港城秦皇岛到凤凰城唐山，在他近 30 年的工作履历中，变换的是工作地点，不变的是他对事业的忘我投入，对职工的满腔赤诚。他以坦诚的胸怀团结人，以有效的管理激励人，以自身的言行带动人，主动思考，主动作为，确保了电网安全稳定运行和电力持续可靠供应，以夙夜在公的精神彰显了电力先行官的姿态和风采。他就是国网冀北超高压公司二级职员张西术。

真抓实干 夯实基础

安全为天。从供电企业基层一步步走上来的他，作为分管安全生产的副总经理，张西术深知安全生产的重要性。他创造性地提出"四级风险管控"思路，严格实施安全风险分析、预警、管控，停电项目全部纳入风险管控范畴；以人身风险管控为重中之重，大力推行站桩式看守，倒闸操作专家小组对倒闸操作进行全程监督把关；强力开展反违章专项活动，成立主、配、农网专项督察组，安全稽查队随机开展"飞检"，有效杜绝了误操作事故发生。

为充分发挥"大运行"体系的管理优势，他组织优化电网调度业务和监控业务的融合度，实现了区调、市调、县调一体化、垂直化管理。每年他还组织专业部门对主、配、农网方式进行联合审查，细化安排电网年度、迎峰度夏（冬）、特殊保电等四大运行方式。在他的指挥下，公司 121 座 110 千伏及以上变电站实现解列运行，完成 93 座 110 千伏变电站自动化双通道改造，完善并传动变电站 200 套备自投装置，保证了电网安全稳定运行。

迎难而上 突破"瓶颈"

设备综合治理，历来都是难啃的硬骨头，但张西术深知，只要是病，如果不治，定会影响机体健康。面对多年累积的设备治理难题，他选择了迎头面对。

一方面，结合输变电设备特性及唐山地区电网实际，经过大量调研和深入分析，他提出了"以梯级布置为原则，强化电网设备整治"的工作思路，从主网、配网、农网三个层面明确了设备综合治理策略。

另一方面，他撬动考核与奖罚的杠杆，推行检修质量和消缺质量周期追溯制度，切实做到了"应修必修，修必修好；应试必试，试必试准"，设备健康水平不断提高。同时，他加强技改大修及配网基建项目节点管理，仅仅 2013 年，就累计更换 35 千伏及以上隔离开关 344 组，改造开关柜 111 面、少油开关 68 台，更换非耐酸芯复合绝缘子 4201 支，安装线路避雷器 847 支、防鸟刺 8020 支，完成 179 座 35 千伏变电站调度数据网的建设。不仅如此，他带头强力推进配电网示范工程建设，城市核心区域内 10 千伏配电网架空线路联络率、绝缘化率等 6 项指标达到 100%，顺利通过国家电网公司验收。

通过努力，唐山地区电网和设备安全运行水平得到本质提升，2013 年唐山地区电网设备掉闸率同比降低 54.35%。

身先士卒 勇作表率

"人不率则不从，身不先则不信。"作为公司领导，张西术始终铭记着自己所担负的责任，处处身体力行，率先垂范。危难险重面前，他一次次挺身而出，亲历亲为，以身作则，为员工树立了良好的榜样。

2012 年 8 月 3 日下午至 4 日凌晨，受台风"达维"影响，一场罕见的强降雨突袭唐山南部沿海地区，最大降雨量 279 毫米，海上最大风力 10 级。灾情就是命令，他第一时间深入重灾区乐亭电力局线路沿线，实地查看电网受损情况，并现场坐镇指挥。面对满目疮痍的灾情和随时而至的死亡威胁，他带领团队克服各种困难，奋力鏖战，在施工机械无法进入现场的情况下，硬是靠人拉肩扛，为灾区修复 10 千伏线路电杆 682 基、低压电杆 3278 基、照明配电箱 160 个、JP 柜 80 台，在最短时间内为 4.8 万户居民恢复供电，受到国网冀北电力有限公司和河北省委、省政府以及唐山市委、市政府的高度赞扬，公司的抗洪抢险先进事迹被中央电视台等 10 多家媒体进行采访报道，彰显了国家电网公司的品牌形象。

异地任职的干部，比常人付出的更多，张西术也不例外。虽然唐山到秦皇岛不过两个小时的车程，但由于工作繁忙，面临家庭与事业抉择的时候，他总会以事业为重，经常一个月也回不了一次家，家庭多年照顾不上。由于工作积劳成疾，他患上了冠心病并做了心脏支架手术，短暂休息后他就返回热爱的工作岗位，继续全身心地投入到工作中。

"责任"所在，"心"之所往。这就是张西术，他抱定"责任在哪，心就在哪""忠心成就事业，用心肩负责任"的信念，充分发挥自己的才能，为公司的安全生产护航，为建成"一强三优"现代公司的宏伟蓝图护航！

埋头奋蹄勇向前 不负时代不负党

——记"河北省劳动模范"李良

敢为人先，勇当"拓荒牛"

2012 年，国网唐山市曹妃甸区供电公司被国网唐山供电公司确定为开展输电线路属地化管理工作试点单位。在没有成功先例和成熟经验的情况下，李良主动请缨，立下军令状，怀着必胜的信心筹建唐山曹妃甸中兴电力服务有限公司，负责维护 35~500 千伏输电线路 42 条，巡护长度 563.29 公里。

在不到两年的时间里，他按照"全面落实属地化，属地落实标准化"的要求，围绕"设备状况要优良，电网运行要稳定，安全指标要提升，管理方式要创新"的创建思路，高起点、高标准摸索总结输电线路属地化管理经验，先后制定完善各项图纸、图表 40 余种，完成线路基础资料 300 余项，带领队伍徒步行走 600 余公里绘制出地理接线图，属地化委托管理经验受到国网冀北电力有限公司的观摩学习。

为做好巡护线路基础管理，他努力实现巡护建设规范化，硬件建设、组织机构、方法机制、全员素质、绩效考核整章建制，日常软硬件管理"人员管理军事化、器具管理定置化、资料管理档案化、综合管理微机化、文明服务公示化、工作考核指标化"的六化目标。在两年的时间里完成正常巡视、特殊巡视 25650 公里，圆满完成两会、重大节假日、高考、变电站单电源运行等各项保电任务 205 次，确保了保电工作万无一失。

艰苦奋斗，争当"老黄牛"

2013 年，他以唐山曹妃甸中兴电力服务有限公司资质升级为契机，努力创建以电力建筑安装、客户工程、代运代维为核心业务的发展模式。他参与组织完成曹妃甸村网改造工程、2013 年农村面貌改造提升行动电力保障工程等十多项大型电网建设项目。在坚持对内服务主业的同时，积极对外开拓市场，凭借过硬的专业队伍、技术设备、施工组织经验，完成张唐铁路拆迁工程等客户工程 10 项，合同履行率 100%。

工程建设过程中，他始终艰苦奋战在施工第一线，带领队伍夏季白天战骄阳挥汗如雨，夜晚驱蚊虫挑灯夜战，冬季则顶风冒雪加速施工，为按时完成任务赢得了时间。短短两年时间内，一大批大型电网工程高质量建成投运，电网供电能力极大提高，供电可靠性和经济性取得突破，获得了良好的经济效益和社会效益，为实现曹妃甸区农电体制改革划转这一艰巨任务做出了突出贡献，为曹妃甸区经济和社会发展提供了充足电力保障。

无私奉献，甘当"孺子牛"

实施输电线路属地化管理工作以来，他深入开展电力设施保护宣传和线下树治理工作，多方联系政府有关部门，积极与曹妃甸区工信局、公安局、林业局、建设局、场镇政府沟通协商线下树治理工作，争取地方政府对电力设施保护工作给予大力支持与帮助。在炎炎烈日下带领员工用油锯、斧子、手锯、砍伐、徒手搬运树木，有效清除线下树木 4031 棵，修剪线下树木 1317 棵，制止线下违章植树 6651 棵。

由于多年的工作劳累，他患上了严重的静脉曲张疾病，经 301 医院诊断需要尽快手术，因为接到"十八大"保电任务，他推迟了手术时间，全身心投入到紧张的保电工作中。他组织各部门提前一个多月制订保电方案，带领队伍逐条逐塔排查线路本体、通道缺陷及隐患，督促沿线施工单位采取有效安全措施。"十八大"召开期间，他连续十五天吃住在杆塔下的帐篷里，徒步巡视线路里程超过 500 公里，大腿肿胀到穿不进裤腿，就靠止痛药坚持，保电结束的第二天，在医院接受了腿部大隐静脉全切除手术。

30 年来，他从一名普普通通的外线电工，一步一个脚印，踏踏实实，一路成长，一路奉献，成长为一名光荣的劳动模范、优秀的企业管理者。回顾过去，汗水与成绩同在；瞻望未来，拼搏与使命同行。今天,他正带领全体员工用更加饱满的工作热情,鼓起电力这艘航船的风帆，乘风破浪，勇往直前，去争创更大的业绩。

勤学苦练成就电力行业技术尖兵

——记"河北省劳动模范"张振生

勤学苦练终成技术尖兵

张振生刚刚踏入电力行业工作时也是"门外汉",但是他深知"知识改变思想,思想改变行动",只有勤奋学习和不懈钻研才能成为他不断前进的"双足"。张振生一方面拿起书本,查阅资料,不断弥补专业知识不足的问题;另一方面和师傅们学,放开手脚,狠抓实践,一步步由"门外汉"变成现在的技术骨干。凭借娴熟的技术、精通的专业知识,多次代表公司参加各级技能竞赛,先后获得国网唐山供电公司职工技术比武竞赛"配电线路检修专业优胜者"称号、冀北电力公司技能运动会配电线路组第一名。

他在工作中发现问题,探索解决问题的方法,逐渐成为创新能手。作为班组负责人,他不仅严于律己,还致力于提升班组成员。工程组多名员工踊跃加入公司创新工作室,形成创新合力。针对变压器低压刀闸熔断器烧毁故障,故障点不能直视,寻找故障点影响抢修速度的难题,张振生与运维部门在抢修现场经过多次故障勘查,为了提升抢修速度,提高供电可靠性,建议为熔断器增加断电指示功能,直观可见地确定熔丝烧断故障点,大幅缩短故障处理时间。

在线路施工过程中,张振生发现新安装的拉线、绑线已经锈蚀,针对拉线制作工艺上的缺陷,他认真总结用绝缘材料自制工具,解决了拉线绑线缠绕过程中钳子对镀锌层造成的"硬伤"又解决了徒手缠绕松弛问题,既保证了拉线缠绕强度又保持了镀锌层完好,有效提高了工作效率。

踏实肯干打造电网栋梁

随着京津冀协同发展以及唐山市"一港双城"建设不断深化,曹妃甸电网建设走上了快车道。2018 年,曹妃甸供电公司全面启动"煤改电"配网工程建设,在 13 个村落新建及改造线路 50 余公里，新建变压器 55 台。面对接踵而来的曹妃甸工业区新入驻企业引电工程与繁重的"煤改电"建设工作，为了满足地方经济发展需求，又要让群众取暖用上清洁能源，张振生作为工程组组长，放弃节假日，起早贪黑地工作在电网建设第一线。

"如果不能按期完成'煤改电'施工任务，就有百姓要忍受严寒过冬；如果不能按期完成入园企业供电，就会对企业不能正常投产造成损失。我们加班受累没啥，能让企业尽快投产，让百姓过一个温暖的冬天更重要。"在繁重的工作任务面前张振生毫无惧色，迎难而上。他为每项工作详细地制订了工作计划，并按计划施工，做到有条不紊。数个月的施工期间，每一个工作现场，张振生都要都组织做好现场勘查，掌握现场危险点并做好应对措施，提前做好开工前准备。不管是烈日炎炎的夏日还是寒风瑟瑟的深秋，张振生在工作现场始终坚持一手抓安全生产，一手抓质量工艺。电杆、导线与建筑物的安全距离、变压器安装高度都要亲自丈量；导线端子紧固了没有、变压器泄压阀打开了没有，他都要一一过问。张振生坚持在工作结束后，进行质量检验，核查施工工艺。"电网建设工艺质量是重要一环，高质量完成的项目才能经受时间考验，才能支撑起地方经济发展需求。"将隐患扼杀在摇篮里，工艺与质量成为张振生"电网人生"的"金字招牌"。

危机时刻，彰显铁军风采

2021 年 7 月，河南遭遇罕见的特大暴雨天气，郑州、新乡、安阳、鹤壁等地先后发生严重城市内涝，交通、电力、通信基本瘫痪，人民群众生命财产安全受到严重威胁，防汛抢险任务十分艰巨。汛情就是命令，救援就是责任。7 月 22 日，张振生主动请缨参加国网唐山供电公司援豫抢险救灾队伍，张振生同 7 名抢险队员千里驰援河南省新乡市灾区一线最艰难繁重的电力抢险现场。盛夏 38 摄氏度的高温让人头昏脑胀，张振生同队员们喝下藿香正气液，蹚着积水、克服闷热潮湿等不利因素一丝不苟地按照规程投入到紧张有序的抢修工作。

疾风知劲草，烈火炼真金。抢险工作中张振生充分发挥先锋模范作用，冲锋在第一线，战斗在最前沿，用初心和使命与队友们凝聚起守护光明的强大合力，为河南灾区送去光明。张振生和同事们经过 13 天艰苦奋战，完成新乡华天公馆小区、普利 A 区、水木兰亭小区等 10 处抢修任务，攻坚克难，敷设高低压电缆 5200 米，制作高低压电缆头 60 余个，参与安装箱式变压器、环网柜 12 座，恢复供电 7000 余户，出色完成了抢险救灾任务，为河南抢险救灾恢复供电作出了贡献，践行了"人民电业为人民"的企业宗旨，充分展现了"特别负责任、特别能吃苦、特别能战斗"的电力铁军形象，彰显了新时代电力人的使命和担当。

恒守初心 甘做"拼命三郎"

——记"河北省劳动模范"杨榆

杨榆入职国网阳原县供电公司，先后在用电科、供电所、运维检修部等多个部门工作。从初出茅庐的青涩小伙成长到如今的踏实稳重、忠诚履职的行业标兵，一路走来，已逾三十载光阴。多年来，杨榆都是单位里出了名的"拼命三郎"，他用勤奋和实干，践行着一名共产党员的初心与使命。

全力以赴积极推进清洁供暖

2020年春节过后，上级下达了2020年"电代煤"清洁供暖计划，启动2020年"煤改电"项目可研编制工作。

清洁取暖是利国利民的环保工程，也是造福百姓的民心工程。张家口作为首都生态环境支撑区，被誉为首都"后花园"。如何把大事办成，好事办好，助力天蓝地绿水清、生态宜居宜业的首都"后花园"？

时间紧，任务重，为确保"煤改电"项目可研编制工作如期完成，杨榆主动承担了"煤改电"项目现场测量工作，分别对阳原县4个乡镇12个村的新建及改造的10千伏、0.4千伏线路、柱上开关、柱上变压器等进行测量。

受当时疫情影响，在小区封闭管理人员不能到位的情况下，杨榆充分发挥老党员"传帮带"示范作用，带领新入职大学生一起，加班加点，抢时间、赶进度，和时间赛跑，风尘仆仆，马不停蹄。每到一个村，他立刻去找村干部，准确定位变压器、电杆的位置，以减小后续的施工难度。在外面没有就餐吃饭的地方，饿了就啃几口面包，渴了就喝几口水……

在此期间，杨榆每天工作时间长达十几个小时以上，但他没有丝毫的埋怨，也从不叫苦叫累。经过不懈的努力和坚持，仅用了半个多月的时间，杨榆走遍了阳原县大街小巷的家家户户，提前完成了测量任务，为公司顺利完成"煤改电"任务提供了基础保障。

全程跟进科学编制"十四五"规划

在煤改电工程测量工作刚刚启动之时，公司发展部下达了编制阳原县电网发展"十四五"规划任务。杨榆进入电力行业工作近 30 年，见证了阳原县供电事业的变迁与发展。"十四五"规划的编制，关乎未来五年阳原县电网与经济发展路径和目标，意义重大，责任重大。

为编制出符合上级要求、贴合阳原电网建设实际、引领阳原未来发展的高质量"十四五"规划成果，杨榆带头开展"十四五"配电网规划调研，主动联系县发改委、城建局、国土资源局等相关部门，征求意见。杨榆挤出时间，潜心钻研，系统梳理了阳原县电网网架结构，深入分析和思考电网存在的问题。在编制规划的过程中，杨榆敢于大胆设想，合理预测，运用科学有效的编制方法，在一个月时间内，递交上报了一份"干货"满满的具有前瞻性、可操作性的规划方案，获得上级的认可。

圆满完成冬奥场馆保电任务

2020 年 8 月到北京冬奥会闭幕式的那一刻，杨榆一直投身于冬奥场馆保电工作。"一万年太久，只争朝夕。"作为一名张家口供电人，杨榆深知自己肩负的责任和使命，为提高工作水平和服务技能，确保能够高质量服务于冬奥会，打造磨炼成冬奥场馆保电"铁军"，杨榆始终以"奥运"精神鞭策自己，让自己保持冬奥保电的"备战、临战"状态。他凭着一股不服输的劲儿，把业余时间几乎都用在了学习上，学习北京冬奥组委下发的办法及指导意见，学习设备、体育建筑电气设计与规范等知识，训练英语口语等，争分夺秒补短板，甚至通宵达旦，累并快乐着……

与此同时，杨榆主动对接，提前实地走访调研客户单位，了解实情，掌握场馆用电保障需求，积累第一手数据资料，做到心中有数，未雨绸缪，在服务冬奥的平凡岗位上加倍努力着。

"不论平地与山尖，无限风光尽被占。采得百花成蜜后，为谁辛苦为谁甜。"无论是在阳原的村头巷尾、调研现场，还是在冬奥场馆现场，杨榆总是那么如"拼命三郎"一样不辞辛苦地忙碌着。

冬奥会闭幕的那一刻，他满心欢喜地说："作为一名张家口供电人，一名党员，服务张家口地区发展、服务冬奥场馆保电是我的职责所在，能为咱们张家口的供电保电做点事儿，我感到特别的骄傲。"

恒有初心者，时光不欺。三十余载的流年岁月，杨榆满怀一腔对党、对供电事业深深的眷恋与热爱，举全力、全心，生动诠释了一名基层共产党员的初心与使命、责任与担当。

初心传温暖 铁臂托光明

——记"河北省劳动模范"孟宪春

倾力服务地方经济发展 当排头兵

三河市紧邻北京，随着通州区与廊坊北三县协同发展规划日渐完善，大数据、云计算、高端装备制造等特色产业集链成群，为三河经济发展注入了强劲动力。

"三河正面临千载难逢的机会，这对于我们则是一个挑战。"指着北京市副中心的规划图，孟宪春带领他的团队行动了起来。助力地方经济发展，最首要的就是要优化电力营商环境。从春到夏，孟宪春带领一班人马，不辞辛苦，马不停蹄，深入全市 11370 户大中型企业、小微企业客户逐户走访。每到一处，他把客户关心的用电保障问题、用电改造问题、设备维护问题都认真记下来，根据客户需求，制定周全的新举措，保证以最快速度、最少流程、最低成本完成业扩报装工作。

至 2021 年年底，三河市境内全面实行大中型企业办电"三省"和小微企业办电"三零"服务，高、低压接电平均时间分别压减 13.94% 和 16.51%，在 2020 年河北省优化营商环境测评中，"获得电力"指标在全省排名第四、冀北县公司排名第一。

倾心服务国家蓝天工程 当生力军

2014 年，锡盟—山东 1000 千伏交流输变电工程列入国家大气污染防治计划，其重要枢纽北京东 1000 千伏变电站及一系列配套工程坐落在三河，征占土地难度极大。

孟宪春秉承绿色发展理念，凭借着工作激情似火、做事雷厉风行的"火"性，确保了北京东 1000 千伏变电站及一系列配套工程按期投运。面对阻碍工程施工的各种因素，孟宪春积极争取地方政府支持，带领协调人员穿梭于百姓家中，实心实意讲政策，用真诚融化了百姓心中的"坚冰"，换来了"清洁能源从远方来"的协调成果，成为了特高压"隐形建设者"

中的楷模。2021 年下半年，孟宪春连续 6 年不懈协调，北京东配套 500 千伏线路下方占地 2 万平方米的彩砖厂和全部地上建筑物被成功拆除，标志着三河域内特高压线下全部隐患彻底消除。

2017 年，又一项碧水蓝天工程——"煤改电"工程建设开始了。三河地区涉及 26 个村街 1.27 万户百姓 40 项"煤改电"工程。孟宪春带队出征，发挥党员骨干的中坚力量，十余个现场数百人同时开工，仅用 5 个半月，在冀北地区率先完成了"煤改电"工程任务，三河地区每年减少燃煤近 3 万吨，三河百姓首次度过了没有煤烟的暖冬。

倾情服务人民美好生活 当贴心人

在"不忘初心、牢记使命"主题教育中，孟宪春对"漠视侵害群众利益问题"专项整治十分看重。看到局部频繁停电等百姓的"烦心事"，他夜不能寐，逐条审定举措，直至问题逐条清零。孟宪春说："我不会讲套话，人民电业为人民，这就是我的初心。"

"十三五"期间，孟宪春奋力推动完成三河地区 5 座 110 千伏及以上变电站新建及扩建，指导实施农网工程 197 项，新建及改造高、低压线路 914.2 公里，完成 154 个村街电网改造，三河地区供电质量显著提升。到了管理岗位后，孟宪春始终把优质服务作为头等大事来抓。针对燕郊地区北漂群体，他推行"八心"服务，多维度满足客户需求。他编制手拉手互助应急救援图，打造立体化故障抢修配套服务体系，极大减少了停电对百姓生活的影响。

孟宪春是带着情怀去做工作的，他信守承诺和初心，用一双钢铁般的臂膀，为辖区百姓托起一片光明。他担当作为、勇往直前、舍我其谁的劲头儿，常被人称作"拼命三郎"，但是他坚信，为了托起一方光明，拼得值。

丹心未泯创新愿 薪火相传求是辉

——记"河北省劳动模范"赵国良

输电运检专业的创新骨干

"要把创新作为企业发展的不竭动力，把为职工服务作为一切工作的出发点和落脚点。"赵国良说。国网承德供电公司输电运检中心副主任赵国良不仅是输电运检专业的"技术能手"和"职工发明家"，也是国网承德供电公司职工自主创新的代表人物。

2009 年 2 月，赵国良主持开发了"多功能钢绞线折弯钳"，通过国网承德供电公司实地测试后，发现新工具符合避雷线夹和拉线线夹的制作标准，工作效率比手工制作提高十倍，合格率达到 100%，操作简单、携带方便，深受大家欢迎。

承德夏季多雷雨，由于地形特殊，许多杆塔都在山顶，极易遭受雷击。一些杆塔必须安装避雷器，尤其是雷击之后的杆塔还要更换绝缘子，但是绝缘子和避雷器两种器具加在一起重达一百五六十斤，全靠人力运上去，在杆塔上要分别安装，耗时又费力。针对这一突出问题，赵国良和其劳模创新工作室的成员深入实地考察，分析问题，采集数据，发现改进工器具的关键在于如何将绝缘子和避雷器的功能集成化，团队便立即开展"头脑风暴"，全方位、多角度、深层次进行商讨，通过工具构思、资料收集、多次试验、样品制作到最终付诸实践，整个过程凝聚了创新团队所有人的心血。

2016 年 9 月，集绝缘子和避雷器两种功能于一体的"具有线路绝缘子性能的 110 千伏避雷器"被成功研制出来，国网承德供电公司对宝寿线进行了该成果的挂网试运行，运行结果表明，机械强度及防雷要求满足相关标准，目前运行良好。此项成果成功解决了目前绝缘子和避雷器并联使用造成的设备复杂化、铁塔负担大，安装不便、设备运行维护量大等问题。

对于赵国良来说，创新的脚步从未停止。这些年，一系列的创新成果得到推广应用：研制出"带电测试绝缘子憎水性"的作业工具，使作业人员能够进行带电测试作业，同时大幅度提升作业安全性和电网的稳定运行；发明"实现地电位带电功能"的避雷器、"带电作业专用"的挂梯、"新型短路接"接地线等，不仅获得了多项专利，而且赢得了企业的认可和奖励。

人才创新的技能导师

"劳模创新工作室就是要让大家变被动学习为主动学习，根据创新需求有针对性的学习，尤其要与实践相结合，学以致用。"赵国良积极推动"导师带徒"和"传帮带"活动，为青年员工搭建快速成长的平台，让劳模精神得到薪火相传。

"赵师傅经验非常丰富，他从不告诉我们该怎么做，而是让大家相互讨论，慢慢地引导我们自己找出正确答案。现在大家都觉得发明创新很有乐趣。"安然是青年员工的"排头兵"，对赵国良的教学方法很是佩服。

一次，赵国良发现在作业中无法对地电位带电安装避雷器，他便把这个问题作为研究课题让大家展开讨论，经过一番"唇枪舌剑"，最终决定利用绝缘杆"延长手臂"使操作工具前移，进行新型顶固式线夹和变径式单套管扳手头的研究。在具体方案设计时，赵国良引导团队成员不断提出新的设想，逐项试验，以求获得最佳方案。这项成果荣获了中国质量协会 QC 成果发表一等奖。

如今，越来越多的年轻人如同新鲜血液源源不断地注入创新工作室，在赵国良的指导下，彼此磨合，把好的想法融合在一起，创出了一个又一个的成果和专利。自从 2011 年 4 月以来，赵国良创新工作室 14 次获得国家优秀 QC 小组称号、取得 48 项国家实用新型专利、多次获得河北省职工最佳发明创造成果奖，打造了一支由高素质人才组成的优秀创新团队。

"在实践中创新，在工作中成才，带动更多人走向创新成才之路。"如今，赵国良实现了这一理想。赵国良创新工作室已融入到企业文化建设中，正逐步塑造成为国网承德供电公司企业创新文化的一个新品牌。

作为国网承德供电公司创新事业的领军人物，赵国良以不断进取的热情、无私奉献的精神、匠心独具的传承，在自己的工作岗位上展现了劳模的风貌，留下了属于自己的浓墨重彩的一笔。

他让人人都说好

——记"河北省劳动模范"郝祥钧

从"好所长"到"好主席"

2015 年 5 月 12 日，是国网永清县供电公司退休职工孙洪恩的生日。晚饭时分，蛋糕店店员把生日蛋糕送到孙洪恩家里："孙队长，生日快乐！""谢谢！"孙洪恩的脸上顿时洋溢起温暖的笑容。这位工程队老队长说，蛋糕是"好主席"给定制的，别小看这生日蛋糕，郝祥钧从当县直供电所所长的时候开始，每逢所里有人过生日，就去做一个蛋糕送到家里，这个习惯延续了十年。

郝祥钧说："平日里工作紧张，忙着忙着就忘了自己的生日，他们忘了，我给记着，一年一个蛋糕不多，送的是企业的温暖。尤其是对这些老同志，花钱不多，送的是一份祝福。"从供电所所长挂念着全所员工，到班子成员挂念着全局员工，郝祥钧的日历簿上，光员工生日这一项就挤得满满的。全局在职和离退人员有 400 多人，天天有人过生日，郝祥钧从未遗漏。

他担任县直供电所所长的时候，把县直所建成了"省级模范之家"。自 2007 年担任国网永清县供电公司工会主席以来，又把整个国网永清县供电公司建设为"河北省模范职工之家"。公司员工尹志超几年前做过换肾手术，导致了这个家庭因病致贫。2015 年春节前夕，郝祥钧动员了一次募捐活动，在班子成员的带动下，全体员工纷纷献出爱心，共捐出帮扶款项 6.9 万元。当郝祥钧把带着全体员工的牵挂与关怀的资助金送到尹志超家里，他和全家激动得说不出话来。一个月后，集体和同事的爱心居然发挥了神奇的力量，尹志超的病情大为好转，2015 年 3 月，尹志超又重新回到了工作岗位。

就找你们公司的"好同志"

"你们到底找谁啊？必须登记清楚才能进！"2015 年春节前，国网永清县供电公司门卫小刘拦住了几个执意要进去的农民。大叔大婶们站在门口说："就找你们这儿的好同志，我们不知道他叫什么，他给我们村办好事、帮我们过上好日子，村长都叫他'好同志'呢！"

来的是永清县刘街乡南大王庄村的老乡们，过年了，送来自家收的大白菜。原来，村主任称郝祥钧"郝同志"，被乡亲们听到，不知道驻村干部的名字，就都这样叫他。在他们心里，这个称呼郝祥钧名符其实、当之无愧。

2013—2014年，郝祥钧响应国家号召，服从公司安排，先后到三圣口乡唐家堡、里澜城镇廖村、刘街乡南大王庄村开展帮扶工作。这两年当中，他近距离地接触了农村，和农民处成了一家人，不但协调解决村里的大事，哪一家哪个人有什么难事，也都找"好同志"出主意想办法。

南大王庄村的村长郑三水感触就特别深："郝同志来的时候，村里的水利变压器刚刚被盗了，马上就赶上春灌，乡亲们着急，我更着急，没想到，郝同志比我还忙，想方设法帮我们解决了！"他通过四处奔走协调，从别的村街借来一台旧的160千伏安变压器蹲在台上。又从国网永清县供电公司带来施工队伍做义工，加班加点给村里安装好、接好线。春灌时节，看着汩汩冒出来的清水，村民们这才放下了心。

员工心中的"好榜样"

"不患无位，患所以立。"郝祥钧常说："不担心没有职位，担心的是没有尽职的本领和应有的作为。"每到夜晚，伴着一盏台灯，郝祥钧除伏案处理公文外，还常常挑灯夜读到天明。为了武装自己的头脑不断转变思维模式，更为了干好本职工作给员工做个好榜样，私下里，郝祥钧是个极其用功的人。

高级物业管理师、高级项目管理师、二级建造师、高级人力资源管理师，郝祥钧的身上，贴着这些国家级认证的标签。这些年来，他结合自己分管的工作，潜心学习，考取了这些"身份证"，全局上下、尤其是青年员工都叫他"好榜样"。

"带着问题去学，带着学以致用的目的去学，就有动力。"郝祥钧的初衷就是这样简单。他分管小型基建工作，这项工作看似简单，实质门道很多，在管理中发现理论经验不够用，就借来书翻一翻，这一翻他才知道，他需要的东西书里都有。空调怎么维修，房屋修缮周期怎么制定，项目怎么调剂，院区绿化硬化怎么结合……学的东西能用在工作上，才是郝祥钧最想要的。

用半生青春点亮万家灯火

——记"河北省劳动模范"徐士东

徐士东从一名最普通的检修工做起，到专责、主管、部门负责人，一直到监事会主席、党委委员，他始终抱有一个坚定的理想信念："学以致用，奉献社会，实现自身价值，作一名对社会有用的人。"

精心谋划，做好电网建设的"设计师"

多年来，徐士东立足自身岗位职责，对固安全县电网规划和建设提出了很多有建设性的建议和意见。他多次主持修编了地方电网发展规划。同时，积极与上级沟通，争取上级政策支持，完成了固安 500 千伏变电站、渠沟 220 千伏变电站等数座不同电压等级的电源点建设工程，从而从根本上解决了区域多年来一直没有上端电源点的困境。

在电网建设与改造实施过程中，徐士东积极参与了三期农网改造，农网完善，农网升级改造的规划、设计、施工组织工作。他结合自身的经验提出了诸多有利于农网建设、改造方面的建议，出台了相关的管理办法，他和同事们深入现场，反复勘察、测量，认真研究，力求设计完美，制订出了切实可行的设计、施工方案。在施工过程中，他和同事们早出晚归，奋战在施工工地，先后完工了牛驼—马庄—礼让店 35 千伏输电线路工程，固安—开发区 35 千伏输电线路工程，礼让店、彭村、开发区 35 千伏变电站建设任务，马庄、苏桥、宫村变电站调容改造任务，得到了上级领导的高度称赞。

务实创新，做好电网运行的"管理者"

在专业管理上，他注重制度建设，实现管理创新。他曾亲自编制《固安县供电局电气工作票管理规定及实施细则》《固安县供电局安全工器具管理规定》《固安县供电局调度管理规定》《固安县供电局电力系统调度管理规程》《固安县供电局综合停电计划管理》等十余项制度、管理办法,为提升电网运行管理提供了制度保障。另外,他注重新科技引入、新设备引进,实现技术创新。在过去一段时间里,固安县供电公司在安全工器具的管理和使用上,长期没有安全带、安全帽的检测设备,给安全管理带来了很大隐患。2009 年,经过咨询、考察,在该公司建立了安全工器具检验室,实现了安全带牵引试验、安全帽的破坏性试验。2010 年,积极沟通,争取到现场 3G 视频监控试点项目落户该公司,为推进安全现场管理,实现安全的实时管理、管控、安全分析提供了很好的平台。

积极备战,做好电网运行的"保卫者"

2008 年 7 月的某一天,正值汛期,因为降雨很大,下午 2 点,突然接到调度通知,苏桥变电站主变掉闸,全站停电,直接影响到该辖区 2 个乡镇的电力供应。当时雨如瓢泼一般,而且还伴有雷电,但灾情就是命令,他立即组织生产系统相关部门的同事们赶到现场,了解、分析设备事故情况,直到晚上 9 点多钟,雨逐渐停了下来,事故才处理完,并送上了电。2012 年 7 月 21 日晚零点左右,该地区突降暴雨,电网数十条线路掉闸,尤为严重的是柏村 35 千伏变电站进水,且水位还在不断上升,一旦突破安全水位,不仅造成设备烧毁事故,还极有可能造成该区域长时间无法恢复供电,给人民生产、生活造成巨大损失。灾情发生后,徐士东迅速组织运检、工程、物资等相关部门、单位工作人员赶赴现场进行救灾。迅速对开关室、控制室等重点部位采取应急防范措施,安排抽水、打坝,与同事们一起抬沙袋,疏通堵塞水漏,直到凌晨 3 点多钟,才解除雨水威胁,最终保证了变电站安全、可靠地运行。

变电检修一线的技术带头人

——记"河北省劳动模范"郭宏伟

参加工作 20 年以来，检修上，他手上活儿麻利不说，还带头吃苦、肯钻研，很快便成长为技术过硬的班组长；创新上，他利用业余时间，加班加点解决创新难题，发明了多功能检修架等 10 余项实用又先进的创新工具；队伍培养上，他通过"四礼文化""每日一课"，提高班组成员技能水平……他就是国网秦皇岛供电公司变电检修中心变电检修二班班长郭宏伟。

勤动脑 以创新提质效

2021 年 9 月 22 日，在 110 千伏滦河套变电站，郭宏伟带领班组成员 3 人利用自主研发的"便携式吊装工具"更换单只损坏的电容器，使原先需要六七人 6 小时才能完成的工作现在只要 3 人 2 小时就能完成，还能够提高安全作业系数。

2021 年 3 月，郭宏伟以"郭宏伟劳模创新工作室"为依托，带领团队跑遍秦皇岛地区 10 座安装此类型电容器的变电站，统计电容器布置形式及尺寸，经过数次改版，历时 6 个月研发出创新器具。该工器具仅重 20 公斤，便于安装，使用时由一名工作人员在电容器框架上方遥控操作高低位置，其余两人在地面辅助工作即可，省时省力。

然而，创新的道路并不好走，每遇到一个创新难题，郭宏伟经常兜里装着纸笔，有时走着路想起一个点子就随手记下，此外向老师父请教、自费购买大量书籍开阔专业视野……和创新难题死磕到底，往往一琢磨就是数月甚至几年。"路不好走，也要坚定地、好好走下去。"面对创新上的坎坷，郭宏伟都这样激励自己。

通过不懈努力，郭宏伟拥有 23 项国家实用新型专利、发表论文 3 篇，创新成果获得地市级及以上奖励 12 余项。他带领的"郭宏伟劳模创新工作室"35 名同事，刻苦钻研，积极开展"五小"创新创效，从 2011 年 4 月成立至今，共完成创新成果 62 项，获国家实用新型专利 40 项，先后研制出了"多功能检修架""微水快速接头"等创新工具，获得了国家电网有限公司创新成果奖、河北省创新成果奖等 10 项科技进步奖。

能吃苦 强本领解难题

郭宏伟从部队退役后被分配到国网秦皇岛供电公司变电检修二班，成为一名变电检修工。"上班后发现，他所在的车间是公司主业里最累的单位，班组也是车间最累的班组。有抢修的话，不管是在吃饭还是半夜、假日，说走就走。"一参加工作，郭宏伟便过上汗流浃背、没早没晚的日子。但郭宏伟毫无怨言，把全部精力都投入到了紧张的工作中。

自担任班长以来，郭宏伟更是带头发挥党员带头作用，脏、苦、累活都在前头，严格执行工作票、安全规范的规定，带领班组员工解决大量生产技术难题，成果显著例如 GW8 型隔离开关中性点直流接地故障处理、江苏如高 LW36 126 型设备综合缺陷治理等技术难题的解决方案入选国网秦皇岛供电公司典型经验库。

入职至今，郭宏伟始终扎根于变电检修生产一线，出色完成了上万次的变电设备巡检调试工作、15 座新建变电站的验收任务，发现变电设备缺陷 3000 多项，停电处理缺陷上千次，保证了电网安全稳定运行。

重传承 以"四礼"锻队伍

2021 年 9 月 20 日，新员工彭步鑫和郭宏伟举行了"拜师礼"仪式、签订师徒协议。一年后，他来到北京冬奥会云顶滑雪公园赛事转播核心区，帮着保电团队找到该区域接线图纸和实际负荷图数据不对应等错误，并联系厂家及时更正，消除了施工中接线环节会出现的麻烦。因为出色的表现，他被评为冀北电力有限公司 2021 年度"优秀共青团员"。

"拜师礼"以来，彭步鑫就跟在师父郭宏伟身边学本领，刚开始碰到断路器分合出现问题不会解决。郭宏伟耐心地教导用电能表测合闸线圈和分闸线圈的电阻值，发现问题出在合闸线圈上，就手把手教导更换合闸线圈。彭步鑫专业进步明显。在徒弟彭步鑫眼中，师父郭宏伟不仅在专业上有问必答，在生活上也是能帮就帮的"暖男"。

"班长要求我们做到的，他自己首先做到。"王亮说。郭宏伟毫无保留地将自身所学传授给班组成员，此外，通过"每日一课"、定期开展安全日活动、"党建＋安全无违章班组"等形式，加强班组管理，不仅人员专业技能大幅提高，也加强了班组"保安全、促生产、增效益"的理念。在他的努力下，该班组在 2017 年荣获国家电网有限公司一流班组。

坚守初心使命 彰显实干本色

——记"河北省劳动模范"郭金智

坚持围绕中心、服务大局的理念，郭金智始终以强烈的事业心和高度的责任感，精严细实、履职尽责，团结带领干部职工在新时代展现新作为、取得新成绩，用实际行动积极践行"人民电业为人民"的企业宗旨。

固本培元 守正创新

他坚持把旗帜鲜明讲政治融入公司发展全过程、各环节，以上率下、主动作为，确保企业发展始终沿着正确方向前进。

注重专业专注、把握规律，在 2018—2019 年担任国网廊坊供电公司党委书记期间，他创新提出"内嵌融入、求实创新"的党建工作总基调，积极构建"一体尽责、双＋融入、三基支撑"的党建工作体系（做实"清单化明责、项目化履责、过程化督责、精细化考责"一体化责任体系，做好"党建＋安全""党建＋服务"两方面融入，狠抓基本组织、基本队伍、基本制度"三个基础"不放松），全力推动上级部署要求在公司落地生根。全面推进党委和党支部标准化建设，完善和推广主题党日、微党课、党员大会"六问制"、书记项目（委员项目）、"五个一口清"党组织负责人抓党建述职等工作机制，实现了国网廊坊供电公司党建工作水平持续提升。

他加强党风廉政建设，组织制定《履责要点》和《党建联系点工作指引》，以身作则推行领导干部党建、安全、廉政、业务"四必讲"，带动各级领导人员到联系点督导调研 1200余次，在公司上下形成了深入基层、唯实求真的良好氛围。

担当作为 迎难而上

他坚持精益求精，以立说立行、一抓到底的干劲，精准高效推动各项工作任务落实。

致力于安全工作水平的全面提升，郭金智牵头构建安全稽查三级网络，创新实践"就地＋远方"安全监督形式，探索出"党建＋安全""四维四融"有机融合新路径（通过制度创新、流程再造、平台搭建、人文关怀四个维度，将党建工作责任制与安全生产责任制有机融合、组织生活制度与生产生活制度有机融合、党员示范建功与安全生产实践有机融合、思想政治工作与安全文化建设有机融合），牵头建成"党建＋安全"实体教育阵地，经验做法被推荐至国务院国资委，并在中宣部《党建》和新华社《半月谈》刊发。

他勇挑重担、靠前指挥，带领国网廊坊供电公司上下攻坚克难，实现 13 项遗留工程全部按期"清零"。协调推动降价清费降低客户用电成本，实施电能替代项目 486 个，替代电量 14.22 亿千瓦时，助力打赢蓝天保卫战。持续深化政企、警企联动，开展电力稽查攻坚行动，通过组织编制《营销稽查简明手册》、开通"廊坊反窃电"微信公众号等创新举措，确保电费有效回收，实现国有资产"颗粒归仓"。

凝心聚力　育优氛围

他紧紧围绕国网廊坊供电公司改革发展目标任务，着力"以文化人、以德兴企"，为推动改革发展凝聚起强大合力。

将文化培育作为推动公司高质量发展的重要环节，结合发展实际，提出了"让安全成为一种自觉、让创新成为一种追求、让优秀成为一种习惯、让和谐成为一种力量"的"四个一"举措，进一步统一思想、凝聚力量。他探索实践先进典型选树"五步法"，充分发挥先进典型的示范、辐射、带动作用，引导干部职工见贤思齐、争先奋进。牵头开展纪念改革开放40 周年暨廊坊办电 60 周年文化展示、座谈会、书画展等系列活动，引导国网廊坊供电公司上下深刻践行"忠诚担当、勇挑重担、实干有为、卓越争先"的廊电精神，广泛凝聚干事创业共识。

为了充分发挥廊坊地处京津冀协同发展中心腹地的区位优势，他持续深化"廊桥"共产党员服务队建设，推行"精确定位、精细管理、精准服务、精彩呈现"的"四元"工作法，实施总队、分队、支队一体化管理，召开"廊桥"共产党员服务队誓师大会，做实政治、抢修、营销、志愿、增值"五大服务"，持续擦亮"廊连京津、桥通民心"金色品牌，架起了党群连心桥。

勤耕不辍的电网守卫官

——记"河北省劳动模范"唐洁

唐洁是扎根电网生产工作一线 20 余年的电力工作者，以勇毅坚韧的姿态，勤勤恳恳、脚踏实地的作风，不断推动电网的建设与发展，护卫着电网的安全可靠运行。

在工作中，他以执着的热情和敏锐的眼光，带领团队科学驾驭大电网，确保电网的安全稳定优质运行；他以超前的思维和严谨的作风，强力推进大运行体系的建设，多项业务在系统内名列前茅；他将技术创新和管理创新深度融合，取得了多项科技创新成果；他充分发挥模范带头作用，在疫情防控、政治保电等重大任务中展现责任担当。

牢记使命，全情投入保电网

在电网建设上，唐洁全过程主持乐亭县翔云岛、临港等 13 项变电站工程的可研、设计、安装、调试、投运工作，随着工程的完工投产使乐亭县的电网结构得到了极大改善，为县域经济发展奠定了坚实的电力基础。他主持技改、大修及农网工程 400 余项，完成了对乐亭县百余个行政村的农村电网改造，治理老旧线路，消除安全隐患，使农村电网的供电能力和供电质量大大提高。他深入现场进行实地勘察测量，绘制图纸，积极推行国网典型设计与标准化现场，主持的多项工程获公司优质工程称号。2020 年，唐洁带领团队攻坚克难，全面完成了"十三五"期间农网升级改造任务，顺利通过国家电网公司验收，实现了"'十三五'期间新一轮农网升级改造工程"的完美收官，开启"十四五"农网规划新征程。

确保电网安全可靠运行是公司工作的重中之重。作为运维检修部主任，唐洁主持每年的春检预试、迎峰度夏、秋检预试、迎峰度冬等一系列重要运行保障工作。多年的工作让他养成了手机从不关机的习惯，始终处于 24 小时待命的状态，重大保电任务期间，更是把公司当成了家。任职期间顺利完成了春节、"两会"、高考、国庆及冬奥会等各项保电任务，为电网安全可靠运行保驾护航。

创新引领，提质增效谋发展

在电力调度控制分中心工作期间，他主持完成调度主站自动化 D5000 系统改造，制定标准、细化流程，确保了 D5000 系统如期正式上线运行，大大提升了电网系统的安全稳定运行水平，也使乐亭公司调控中心成为第一个通过公司安全保障能力评估的县级调控分中心。

在推动创新中，他不仅是理念的倡导者，更是一名优秀的实践者。他主持编制电网运行多项重要规章制度，为电网的生产运行、调度控制等标准化建设提供了重要依据。他参与指导了"避雷器接地故障指示器""电位比较法电缆故障循迹器"等多项课题研究，获得国家专利 10 项，在国家级杂志上发表学术论文 6 篇。他参与研制的"气味型驱鸟器"和"夜间发光警示牌"等成果被应用在县域多个重点位置，效果显著。

同时，作为公司的兼职培训师，他积极地将自己的知识经验分享给大家，全力帮助基层工作人员提高业务水平和创新能力，为供电公司青年骨干力量的培养作出了突出贡献，也为企业全面提升管理水平打下了良好的基础。

责任担当，冲锋一线抗疫情

面对突如其来的新冠肺炎疫情，在"抗疫"战斗中唐洁始终坚持在供电保障一线，努力发挥着"一名党员就是一面旗帜"的先锋模范作用。新改建的新冠肺炎隔离病区急需电力供应，接到通知后他主动与医院沟通对接，带领团队当天为病区提供 400 千瓦发电车一辆并完成接线调试；并立即组织现场勘察，排除施工难点，制订施工方案，为医院新增 10 千伏电源一路，新架 630 千伏安变压器两台，实现隔离病区的双电源供电。2022 年乐亭疫情封控期间，唐山东日新能源材料有限公司作为省重点企业，自建 35 千伏出口电缆急需接线，请求公司协助调试试验。"35 千伏电缆长度 1400 多米，远大于公司日常运维的同类电缆，因电缆本身电容量较大，需采用先进的电缆低频耐压试验。"唐洁在对具体情况进行了解后，迅速配齐试验所需用品，组织 4 名精通电气试验的成员赶赴现场。经过 3 个多小时的工作，顺利完成电缆试验，保障了电源能够按时接入，获得了唐山东日新能源材料有限公司的高度赞扬。

抗击疫情期间，唐洁以单位为家，始终冲锋在一线，圆满完成疫情时期各种保电工作，规划安排检修抢修工作。同时，他主动参加社区防控执勤值班任务，身先士卒、顶风冒雪；并且号召组织部门全体人员加入疫情防控执勤队伍，带领团队累计执勤 30 余天，在大战大考中践行着作为一名共产党员的责任与担当。

"艰难方显勇毅，磨砺始得玉成。"唐洁多年耕耘在电网一线，踏踏实实践行着责任担当，为电网事业的长足发展不断贡献着自己的智慧和力量。

咬定青山不放松

——记"河北省劳动模范"曹伟

"站在新的起点，我们必须认清内外部发展形势，紧紧抓住区域发展和能源转型带来的重大机遇，推进公司和电网高质量发展。"2017年9月30日，曹伟上任国网唐山供电公司总经理，那一刻，他想得最多的就是如何推动公司发展，满心都是企业的未来。几年来，他直面矛盾，破解难题，带领干部职工走过了一段大调整、大变革、大发展的艰辛历程，大家常说"困难比预料要多，挑战比预期要大，成果比预想要好"。这是大家对过往的回望，更是对曹伟"咬定青山不放松、千方百计谋发展"的肯定。

不忘初心——坚持旗帜领航 全力做好"电力先行官"

旗帜引领方向，旗帜凝聚力量。2018年，在曹伟的主持和推动下，国网唐山供电公司实施"旗帜领航·三年登高"对标管理年工作，224个基层党组织完成标准化建设；以"现场+课堂""微党课"展评等形式组织各级党组织集中学习、宣讲288次，遴选优秀"微党课"35个；同时，该公司"书记谈文化"分享会、"感恩"系列活动、"青年榜样"分享会、"小唐热线"论坛等精彩活动层出不穷，为企业发展注入不竭动力。该公司党委被评为唐山市基层党组织建设示范点，被唐山市国资委评为先进党组织。

喜看稻菽千重浪，遍地英雄下夕烟。国网唐山供电公司大力弘扬劳模精神、工匠精神和企业精神，稳步推进"旗帜领航·徽耀凤城"计划，该公司相继涌现出全国人大代表、"国网工匠"李征，最美国网人梁凤敏等220余名道德之星，为企业做出突出贡献的专家人才类、竞赛调考类、敬业奉献类首席职工140余名；创建省级"青年文明号"8个、市级17个；《以党建引领强服务暖民心》入选新华社《内部参考》；国网唐山供电公司被授予省优秀志愿服务品牌。

不辱使命——加快重点突破 全速打造"智能化电网"

作为唐山地区电网建设的"主帅"，曾经担任过公司发展策划部主任等职务的曹伟，对电网建设有着深刻透彻的理解。他认为，要"统筹推进'两网'建设，注重强化规划研究和精准投资，加快重点突破，持续优化电网结构，不断提升支撑能力和运营价值"。

在国网唐山供电公司任职期间，曹伟带领该公司领导班子始终把唐山地区电网发展融入京津冀一体化国家战略布局中进行审视和把握，紧密围绕"一保两服务"的职责定位，立足唐山改革发展大局，滚动修编电网规划，科学布点、合理规划，全面提高电网整体效能。同时，紧密跟踪省市重点项目建设情况和新建园区用电需求，围绕唐山地区电力供需形势、重要项目和"一港双城"建设，加大协调力度，加快破解变电站选址、供电线路廊道路由等电力设施建设改造难题，彻底解决电力供给和可靠性问题。

谋定而动，实至势成。2018 年以来，国网唐山供电公司促成政府将电能替代、城市配电网改造等工作纳入唐山市 2018 年"十项重点工作"，并投产创业园等 4 项 110 千伏及以上输变电工程，投运主变 4 台、容量 58 万千伏安，圆满完成南堡风电 110 千伏送出等 3 项工程建设任务，获得市委、市政府充分肯定，500 千伏曹妃甸电厂送出工程业主项目部获评国家电网示范业主项目部。

不负民生——提升服务品质 全面畅通"最后一公里"

曹伟坚持把满足人民美好生活需要作为工作的出发点和落脚点，从理念、体系、流程等多方面入手，畅通服务"最后一公里"，加快形成以客户为中心的现代服务体系。

完善服务体系，拓展服务新模式。国网唐山供电公司加快建设供电服务指挥平台、"全能型"乡镇供电所、城区低压网格化综合服务试点，提高故障抢修质量和效率；开展报装接电专项治理行动，高低压业扩流程分别压减到 4 个和 3 个；深化"互联网+"营销服务，线上办电率、交费率分别达到 99.9% 和 79.39%；扎实做好煤改电、空港陆电等电能替代工作。2018 年，该公司实现替代电量 25.99 亿千瓦时，同比增长 21.05%。

坚持客户至上，提升服务品质。国网唐山供电公司开展配网不停电作业 7502 次，减少停电 61.16 万时户。全力服务省级重点项目，高质量完成纵横钢铁配套两个 220 千伏变电站项目建设任务，得到政府和客户高度赞誉。积极开展星级供电所建设，2 个供电所通过国家电网公司五星级验收，10 个供电所通过公司四星级验收，"全能型"乡镇供电所创建比例达 100%。同时全面贯彻脱贫工作部署，推动开展光伏扶贫、产业扶贫，落实电费电价优惠政策，助力精准扶贫脱贫，得到社会广泛赞誉。

胸有宏志敢担当

——记"河北省劳动模范"崔吉清

"以服务地方发展为己任,规划、建设、守护好电网,助力三河经济社会发展,我们首当其冲。"站在发展的角度,崔吉清全力推进三河电网建设。他多次到政府和规划部门征求意见,到现有大企业大项目问询用电需求,尤其是燕郊等地区亟待报装的用电缺口,孤山营110 千伏输变电项目通道严重受阻问题,时时刻刻牵动着崔吉清的心。他常常白天奔波在去往国网廊坊供电公司、三河市政府、建设工地的路上,晚上召集会议,制定下一步计划和对策。累了困了,在车上打个盹就算休息。孤山营通道有 5 基铁塔途径燕郊某知名企业的开发用地,崔吉清不惜多方协调,找到该企业负责人协商,把三河市和谐发展、人民共同富裕的公共利益放在首位,终于获取了该企业负责人的理解和支持,同意电力走廊从自家通过。

2013 年,在崔吉清不遗余力地推动下,先后新建与改造 3 座 110 千伏变电站,投资7149 万元进行农网改造工程,新建及改造电力线路 310 公里;投资 1482 万元用于技术改造,高质量完成 72 个帮扶村电网改造工程。

"党和国家的重要时刻,恶劣天气频发的时刻,万家团圆的幸福时刻,都是我们担当作为的时刻。"

从 2013 年 3 月到 2014 年 3 月,这一年中至少有三个不眠之旅,让崔吉清终生难忘。

2013 年春天,空气污染问题和对大气污染的治理引起中央高度重视,三河市要求多部门联动治理高污染企业。这些企业昔日是电力大客户,但从接到通知那刻起,崔吉清没有迟疑:"保护环境,我们守土有责。再大的经济利益,换不来碧水蓝天!"他连夜召集专业人员制订方案,几天几夜不合眼,带领队伍到企业做工作,讲解政策,果断对 54 家高污染企业实施停电。

第二次是 2013 年 8 月 4 日,三河市遭遇强暴风雨极端恶劣天气,导致全市 51 条 10千伏线路跳闸,半个三河停电了,十万百姓处于黑暗当中。在前线,在后方,崔吉清围绕强暴风雨导致的停电做工作：联系车辆，奔赴现场，准备物资，安抚客户……6 小时 20 分钟的时间像在一瞬间度过，51 条故障线路全部恢复送电。自然灾害过去后，崔吉清仍然顾不上休息，他请来当地气象部门，研究制定了一整套科学完善的恶劣天气预警机制和应急抢修指挥机制。

第三次是马年除夕。满怀着对三河市人民的鱼水深情，肩负为全市保电的光荣使命，崔吉清早就把家人安排好回老家过年，自己带领干部员工在岗位过年，圆满完成除夕夜保电任务，守护了千家万户的团圆与光明！

"老百姓是天，服务为民是我们工作的最大价值。切记，'窗口'外就是我们的亲人。"

崔吉清常说，"窗口"之外是亲人。这个窗口，是营业窗口，是为民服务的窗口，是党密切联系群众的窗口。

结合工作实际，崔吉清实施了一系列群众叫好的举措。例如：开展"如果我是一个客户"的大讨论，教会干部员工换位思考，员工思想实现了从"客户求我办事"到"我为客户主动服务"的根本性转变；抓制度建设，规范服务程序和服务行为，严格约束服务言行，一举根除了不正之风；定期走访客户和人大代表、政协委员，聘请行风监督员、客户代表定期召开质询会，虚心听取意见，及时纠正不良行为，树立了崭新的行业形象；践行"不停电就是最优质的服务"的理念，实施带电作业和零点工程，建立供电所"手拉手"应急救援网络，打造立体化故障抢修配套服务体系，极大减少了停电对百姓生活的影响。

志存高远，忠诚事业，春华秋实，天道酬勤。能把一生中工作经验最丰富、精力最充沛、管理能力最强的时期奉献给三河电力事业，崔吉清为他的人生无比精彩而无怨无悔。

用心点亮万家灯火

——记"河北省劳动模范"扈希敬

他钟情于供电工作，由一名普通供电职工成长为公司的"领头雁"；他常怀为民之心、强企之情，构建起科学、优化、便捷的城乡电网，用心点亮了万家灯火；他工作严谨，务实创新，带出了一流的区级供电队伍，实现了社会效益和经济效益的共赢……

他就是国网唐山市丰润区供电公司三级协理扈希敬。

一心为民 推进城乡电网大优化

在城乡电网建设中，扈希敬不断加强与区政府的良性沟通，主动介入地方经济发展最前沿，以电网建设与负荷增长脱节、区域内负荷分布不均为切入点，科学制订了丰润区"十二五"城乡电网建设规划，营造政企共建电网的良好态势。他善于把握形势，勇于承担责任，主动争取区政府支持，推进电气化县建设和农网建设；坚持科技兴网，壮大电网规模，提高电网运行的稳定性和科技含量；稳步推进重点工程建设，实现了电网结构更加合理、电力设施更加安全、信息网络更加智能。三年间，公司完成电网投资 1.4 亿元，极大地优化了丰润区电网结构，有效解决了用电"瓶颈"问题。在服务全区经济社会发展中，公司售电量稳步提升、屡创新高。2013 年，售电量达到 36.77 亿千瓦时。

基层建设年活动是夯实基层、服务群众的惠民工程。扈希敬亲历亲为，筹集利用专项资金，加快帮扶村电网建设。2012 年、2013 年，累计投入资金 1380 万元，改造帮扶村 93 个。如今，帮扶村的配电网运行合理，与村庄整体布局协调统一，农村用电可靠性、电压质量有了大幅提高。同时，针对位于北部山区的老区村经济薄弱，无力进行村属水利用电设施改造的实际情况，扈希敬组织人员现场勘查、制订方案、科学改造，有力地助推了老区村经济发展。

多谋善断 推进经营效益大提升

丰润区产业结构特殊，铸造类、水泥类企业所占比重较大。自 2012 年实施峰谷电价以来，负荷出现峰谷倒置，造成电费大幅减收。

如何扭亏增利？面对这一难题，扈希敬在充分调研、科学研判的基础上，大胆提出了三项举措。一是按照有序用电实施方案，对辖区内铸造类、水泥类企业在谷时段实行隔日生产，并组织营销稽查队在夜间不间断对企业生产情况、最大需量使用情况进行检查，合理降低谷电量比例。二是督导供电所在用电类别执行、基本电费、电费调整执行、用电比例执行、超容用电方面进行自查规范，杜绝"跑冒滴漏"。三是专门制定了《提高售电均价专项考核奖惩办法》，拿出专项资金，对供电所均价完成情况进行考核奖励，充分调动了广大员工增利创收的积极性。2013 年，公司成功避免了 3000 多万元的损失。

在营销管理中，他注重远传集抄系统的应用，通过安装专变终端、低压终端，为降低人工成本、提高工作效率奠定基础。定期组织能效服务活动，仅 2013 年，就节约社会电量 3735.64 万千瓦时、内部电量 2874.14 万千瓦时。针对大工业客户开展用电检查、营业普查及反窃电活动，追补电费 119.45 万元，收缴违约电费 280.3 万元。

执着敬业 推进企业力量大凝聚

在扈希敬的人生道路上，砝码最重的是责任和事业。他以身作则，用廉洁务实的形象、严谨细腻的作风、娴熟过硬的能力，带出一支让上级放心、让群众满意的供电团队。

扈希敬主动作为当先锋。在大规模的农网改造过程中，扈希敬科学布局，亲自指挥，统筹协调，在电网建设攻坚阶段，多次组织近千人的大会战，用最短时间完成项目建设，为工程尽早完工送电做出了突出贡献。2013 年 8 月 4 日晚，丰润区北部山区遭受严重的暴风雨灾害，造成大量树木倒伏，电网设备受到前所未有的破坏。扈希敬立刻组织启动应急预案，5 支抢险队伍迅速开赴灾区抢修复电。他还步行来到山上的抢修现场了解情况，鼓舞士气。经过近 30 小时的艰苦奋战，受灾的十几个村庄陆续完成了抢修复电工作，受到当地群众的广泛赞誉。

扈希敬用一颗拳拳赤子之心，在丰润供电事业上默默地耕耘着、奉献着。在他的带领下，国网唐山市丰润区供电公司连续多年荣获"河北省文明单位""唐山市文明单位"等省市级荣誉，他本人也被评为"国网唐山供电公司优秀共产党员""唐山市劳动模范"，在服务经济发展、服务全区人民的宏伟供电事业上书写出辉煌的篇章。

当好电力先行官 铺好经济发展路

——记"河北省劳动模范"程武

加快电网发展 为地方经济发展充电赋能

"我们要抢抓京津冀协同发展机遇，服务雄安新区发展，实现公司跨越腾飞。"随着一个又一个国家级战略的提出，文安县毗邻京津和雄安新区的区位优势必将得到充分释放。面对千载难逢的历史机遇，程武立即投入到了忙碌的工作中去。他团结带领国网文安县供电公司全体员工，立足地方社会经济和企业发展实际，加快建设坚强电网，当好电力先行官，铺好经济发展路。在文安县工作的六年期间，为提高文安县电网的供电能力，他着力解决突出问题。带领公司上下以"奔跑起来"的姿态、"跨越赶超"的精神、"逢山开路、遇水搭桥"的干劲，先后投入资金 13986 万元，推进农配网工程 280 项，建成布局合理、配置科学、调度灵活、设备先进的文安县电网。在电网建设的奔跑中展现了新作为，为文安县承接京津转移、对接雄安、招商引资创造了良好环境，为文安县"奔跑起来、跨越赶超，全力冲刺廊坊第一梯队"和经济社会快速发展保驾护航。

强化优质服务 多措并举持续优化营商环境

"人民电业为人民是我们的服务宗旨，优质服务是企业的生命线"，这两句话不仅经常挂在程武嘴边，而且他无时无刻不在践行着。他将提升优质服务水平，保障电力安全可靠供应，努力营造良好的供电营商环境摆在了突出重要位置。深化"互联网+"服务，广泛开通推广微信公众号、"掌上电力"、"电e宝"，办电速度远高于政府要求、小微客户接电成本降低为零、故障抢修到达现场时间保持在30分钟之内。大力推行"5+服务"办电新模式，开展电力专家入企走访活动，为企业提供用能优化指导。为全力提升服务品质，他倡导严实作风，强化正风肃纪，不折不扣落实制度决策，行风有效提升；强化素质提升，实施精准培训，员工专业素质能力和营业窗口服务质效不断提升；开展漠视侵害群众利益问题专项整治，加大投诉治理力度，多维度开展明察暗访，投诉件数持续减少；积极应对疫情，严格落实国网优惠政策，全面统筹、扎实举措，优先保障居民、农业、重要公用事业和公益性服务用电；强化沟通解释，履行提前通知程序，及时关注企业生产需求，引导企业调整生产时段，合理优化需求侧响应方案，做到应保必保，最大程度满足县域经济发展需要。

强化社会责任 坚守初心服务大局彰显担当

他坚守初心，坚持强化社会责任，带领公司上下积极配合政府开展环境治污、公路建设、以电控税、县城"双创"和美丽乡村建设等工作，高效完成违法企业断电、涉电迁改、光伏并网、煤改电和帮扶村建设等工作任务。特别是近年来，国网文安县供电公司持续巩固脱贫攻坚成果，助力乡村振兴，在春灌、秋收和冬供中善作善为；全力配合创城、城市亮化及环保断电；积极驰援河南抗洪和冬奥建设；抗疫保电更是逆向而行，筑堡垒、固防线，用实际行动践行电力担当。在他的带领下，公司多年荣获"省级文明单位"和"河北省诚信企业"称号，2016 年同业对标名列廊坊第一，"131"社区志服务队被省委宣传部等 11 个部门授予"河北省优秀志愿服务品牌"荣誉称号，2018 年综合评价在冀北 43 个县公司排名第五，同业对标名列廊坊第二，下属的滩里镇供电所被中电传媒评为"中国金牌最美供电所"，在2018 年五星级供电所创建中为廊坊唯一代表公司且高分通过国家电网公司验收的供电所，2020 年综合评价在冀北 43 个县公司排名第二。他本人也被评为 2015 年度"国家电网公司优秀党务工作者"，2016 年度公司、国网廊坊供电公司"先进工作者"，2017 年度"文安县优秀领导干部"，2018 年度公司"营销（农电）工作先进个人"。他参与撰写的防窃电方面相关论文荣获全国防治窃电工作交流会二等奖。

程武在工作中勤勤恳恳、任劳任怨，把一腔热血全身心地奉献给了他所热爱的电力事业，保障了一方光明，用自身的实际行动抒写着新时代电力人的风采！

奋战在创新路上的"排头兵"

——记"河北省劳动模范"蔡超

蔡超政治素质好，大局意识强，自我要求严格，能够认真贯彻上级决策部署，执行力强。工作积极主动，认真负责，原则性比较强。有魄力，做事果断，考虑问题比较周全，大局意识很强。工作思路清晰，有创新意识。宽容大度，待人诚恳，处事稳重，善于团结同志，有较好的领导才能，群众中威信比较高。

勇于创新 做专业的"老专家"

蔡超始终以强烈的责任感和使命感干事创业，多次出色完成国网廊坊供电公司重大改造任务。在国网廊坊供电公司调度自动化系统建设中，为实现信号的传动他不分昼夜，没有节假日，一直奋战在工作现场，带出了技术过硬的班组，为调度自动化系统建设做出突出贡献。此外他还主持了多项公司重点工程的建设工作。蔡超在工作中积极进取，成为国网廊坊供电公司自动化专业首个国家电网公司级的后备专家人才，他研究的串口服务器配置方法，解决了 13 座变电站无法接入调度数据网的难题，为公司节约投资 80 多万元。同时，作为公司兼职培训师，他积极发挥作用，先后培养的 20 余名新员工均已成为专业骨干和优秀人才。

兢兢业业 做电网建设的"老黄牛"

2017 年 9 月调任国网固安县供电公司后，他分管生产运行和集体企业，工作中加强学习，努力提高自己的业务技能水平，很快地适应了新的工作，为固安县电网建设和发展作出了积极贡献。蔡超立足自身岗位职责，多次走访地方园区和企业，了解用户需求，对全县电网规划和建设提出了很多有建设性的建议和意见，根据地方经济发展情况主持修编了地方电网发展规划。同时，他积极与上级沟通，争取上级政策支持，完成了北马 110 千伏变电站落地及配套送出工程的实施，促成了大王村、花科 110 千伏变电站的电源点建设工程，从而从根本上解决了区域多年来电源点紧张的困境。

在配农网工程建设实施过程中，蔡超积极参与配网、农网升级改造的规划、设计、施工组织工作。并结合自身的经验提出了诸多有利于电网建设、改造方面的建议，出台了相关的管理办法。在固安县政府组织实施的"电代煤"工程中，他和同事们深入现场，反复勘察、测量，认真研究，力求设计完美，制定出了切实可行的设计、施工方案。

务实创新 做好电网运行的"管理者"

在电网运行管理中，蔡超多次去现场进行调研。每年迎峰度夏、度冬前他都要进行现场实地勘察，根据负荷情况制定线路切改方案，制定迎峰度夏、度冬工作预案，并谋划、实施相关工作。确保了迎峰度夏、度冬期间电网的稳定运行，连续三年夏季大负荷期间未出现拉闸限电情况；确保了迎峰度夏、度冬期间居民正常用电需求，提高了供电可靠性。

针对 10 千伏频繁停电线路专项治理工作，蔡超参与制定了《国网冀北电力有限公司固安县供电分公司 2021 年供电服务事件考核实施方案》，并组织召开了频繁停电线路治理专项会议，对频停线路及时进行跟进摸排，切实了解线路运行状况，减少停电次数，故障跳闸降幅位居廊坊第一，治理工作取得明显成效。

2014 年蔡超参与的《电力系统机房多功能线缆引导装置的研制》获得全国电力职工技术成果一等奖，他本人于 2014 年获得"国网廊坊供电公司优秀员工"称号，2015 年获得"国家电网公司级技术类优秀专家人才后备"称号，2015 年获得"国网廊坊供电公司优秀共产党员"称号，2016 年获得"公司先进工作者"称号，2016 年被聘为"国家电网公司级高级兼职培训师"，2017 年获得"国网廊坊供电公司优秀共产党员"称号。2017 年他所编写的《标准化二次安防管理体系的建设与实施》获得河北省管理创新成果二等奖，参与了《无人值守变电站技术导则》《冀北电网厂站计算机监控系统标准化配置标准》等十余项国家电网公司、国网冀北电力公司标准制度的编写工作。

11

"北京市劳动模范"先进事迹

平凡岗位上的不平凡

——记"北京市劳动模范"朱亚林

坚守数载的技术骨干

2004 年，朱亚林从东北电力大学毕业后，进入国网北京超高压公司工作，经过十年的历练，他从一名输电运维工人成长为一名输电专业技术骨干。在此期间共参加输电线路停电检修 294 次，输电线路抢修 67 次，输电线路带电检修 86 次。先后参与过 2008 年奥运保电、党的十九大保电、新中国成立 70 周年活动保电、2022 年北京冬奥会保电等重大保电任务，确保了首都大动脉电力供应万无一失。

朱亚林的班组所辖 19 条 500 千伏输电线路，都是保障首都供电安全的"大动脉"。不仅地位重要，而且形势更加复杂。19 条 500 多公里的线路中，既有高山深涧的天险，也有吊车违章作业的情况，任何一个环节出现异常，都会影响到首都电力环网的正常供电，容不得半点闪失。2014 年，班组累计正常巡视 1 万多公里、特殊巡视近万公里，树木隐患排查测量千余处，处理树木隐患百余处、近万棵，制止输电线路保护区内施工作业近百处，签订隐患告知书 300 多份。他的坚守换来的是无论严寒酷暑，19 条线路的常年安全运行。

作为公司的输电线路生产技能专家，他带领学员们勤于练功，言传身教，通过线路模拟沙盘、金具展览室、地面模拟平台，为员工深入讲解输电线路作业现场相关知识。2013 年，他所带领的团队荣获第八届全国电力行业职业技能竞赛带电作业比武实操第一名。同年，他带领的班组荣获"全国工人先锋号"荣誉称号、全国班组安全建设与成果展示二等奖，所在QC 小组荣获全国电力行业优秀质量管理小组。

科技创新的排头先锋

朱亚林主持的"减少 500 千伏输电线路鸟害"QC 项目获得 2005 年华北电力企业 QC发布一等奖。朱亚林及其团队申请的专利《一种防松装置和防振锤》在公司负责的线路上已经全面推广，广泛应用于输电线路运维与检修生产中，使得防振锤位移的现象大大减少，大幅降低防振锤滑移检修工作难度。

"利用无人机代替人工巡视"在朱亚林的不懈努力下由梦想成为了现实。朱亚林率先提出的"小型无人机巡视"的建议获得了国家电网公司的采纳与支持。2013年，他提出的固定翼无人机和多旋翼无人机巡线技术在实践中得到应用，无人机巡视的提出与应用填补了国内输电线路无人机巡检工作的空白，使线路巡视工作迈出了重要的一步。他主持的项目《电网巡检作业电动无人机关键技术与应用》荣获2013年首都职工自主创新成果一等奖。

小型机的便携与操作灵活的特点已在班组巡视中得到了展现，为输电线路巡视工作的革新迈出了坚实的一步。现阶段，无人机巡视已成为一线班组进行巡视的重要方式之一。

国际视野的蓝领专家

2010年3月，国家电网公司准备收购巴西电网股份，要求3个月完成现场尽职调查。时间紧、任务重，朱亚林作为输电专业技术负责人，参与翻译巴西电网设备资料近230项，调查输电线路近4000公里，收集现场资料1200余项，查清了线路运行状况，深入分析了电网运行存在的风险，科学全面地对巴西输电线路资产进行有效评估，为国家电网公司收购巴西电网资产提供了强有力的技术支持。

新岗位上的恪尽职守

2020年朱亚林任国网冀北超高压公司安全监察（保卫）部副主任。在新岗位上他严格遵守职责，按照分工，摆正位置，团结同志，诚恳待人，脚踏实地，忠于职守，勤奋工作，从每件小事做起，老老实实做人，认认真真工作，努力完成好本职工作。扎实推进本质安全建设。严格执行公司《领导干部和管理人员生产现场到岗到位工作实施方案》，结合检修计划详细制定到岗到位工作计划，以作业现场为主线，落实安全管控措施和到岗到位督察。积极推动警企、政企联动机制，协调北京市政府多个部门，处理了500千伏顺通0025号塔线下存在多年的银杏树危急树障隐患。协调保定市治安支队、保定市徐水区公安局、保定市徐水区政府，处理完成保霸二线77号塔线下危急树障隐患11000棵。协调河北省发展改革委电力处、天津市工信局、天津市西青区政府，处理天津市西青区境内的吴孝双回线下树障隐患9处，共4378棵。

弄潮儿勇立潮头

——记"北京市劳动模范"郭良

2022 年 7 月 25 日，来自国网冀北工程管理公司的郭良站在施工现场，不时地望望天空，他说："跨越铁路封网的窗口期只有 85 分钟，即便一切准备就绪，还得看天公是否做美。"当天晚上的跨越封网，郭良的团队提前 20 分钟完成，刚收工 5 分钟，雨就下起来了。这是在承德丰宁抽水蓄能电厂二期 500 千伏送出工程现场的实况。为了这一晚，郭良提前一个月就开始审查方案，提前三天每天都去现场把所有的设施都检查一遍。这是他的工作常态，他说："咱们这个工程是一个关键环节，牵一发而动全身。大家都认为这是不可能完成的任务，而我们必须完成。"参加工作 16 年，他每两三年就负责一个大项目，每一次都把不可能变成可能。郭良这样标注自己的职业生涯：干在实处、走在前列、勇立潮头。

干在实处

2005 年，郭良参加工作后，从事质检工作，从那时起他就养成了脚踏实地做事的习惯。他说："这种干在实处的作风，其实是我的师父带给我的。当时，师父每天都把规范从系统里下载下来，一条一条地和我讲解。到了现场，他会告诉我这个螺栓为什么要扭 2~3 扣，紧固力矩为什么这么多，每一个螺栓应该做几项实验。他讲得特别透彻，那种脚踏实地的作风，也造就了我未来带徒弟的风格。"

自 2020 年 8 月以来，郭良始终关注承德丰宁抽水蓄能电厂二期 500 千伏送出工程的建设情况。他对当地的气候、施工条件已经了然于心，"你别看我们去年 8 月就开工了，但是冬季的严寒天气影响了正常作业，有效施工时间太短了。而且施工的很多地方是保护区，大手笔修条路对环境影响太大。为了防止破坏植被，工人们都是肩挑手扛，可这么一来，就苦了他们。"在工程建设过程中，作业点部分地势比较陡峭，没有可供材料、机具运输的道路，项目管理部在材料点与作业点架设多跨循环式索道，尽量保证多个作业点共用一条索道线路，减少对林木的砍伐。

其实，郭良的条件和工人们也差不多，电力工程大部分都在荒郊野外，他忙起来的时候，一天要赴好几个作业点巡查，误了饭点，就随便对付一口。"刚参加工作时，师父曾教育过我，一定要把工程建设当成自己的'孩子'一样对待。而'孩子'的成长，需要'大人'的监护。"

但是对待自己的孩子，郭良还是很亏欠的。郭良因为常年在外，父子两人只能使用视频通话。"一开始，孩子还会高兴地喊'爸爸'，结果过了 3 个月再视频，孩子就不理我了。"说到这，郭良不禁摇头苦笑，眼角处泪花闪烁。他说："这些年来，我最对不起的就是家人，没有尽到作为儿子、作为丈夫和作为父亲的责任。"

走在前列

从一名质检员到如今的项目管理部副主任，郭良的职业生涯一直在不停地蜕变。他说："要干一行爱一行，我一直逼着自己走出舒适区，不停学习新知识，然后融会贯通，成为专业里的佼佼者。我想，是专注、专心、专业的工匠精神一直推着我不停向前。"

如今的郭良，带领着来自天南地北、不同工种的许多人组成的团队，如何让他们拧成一股绳，郭良着实下了不少功夫。作为"北京市劳动模范"，郭良曾任张北柔直工程张北换流站联合临时党支部书记和业主项目经理。在他的带领下，全体参建单位以各岗位党员同志为标杆，创新创效、攻坚克难，为冬奥会 100% 绿色供电提供坚实保障。他将这些经验也带到了承德丰宁抽水蓄能电厂二期 500 千伏送出工程这个项目上来。此外，郭良还有自己的心得："首先你自己先得会这些工作，要走在前列，你不懂又怎能服众？其次，你得了解每个人，把合适的人放到合适的岗位上干合适的工作。最后，要做到白天工作、晚上总结，每天晚上我们一起解决当天的事情，培养彼此信任的氛围，有助于工程顺利开展。"

勇立潮头

勇立潮头，争做时代弄潮儿。郭良说，是大时代成就了小小的他，所幸他也没有辜负这个时代。"这几年电网建设项目多，需要的人也多，我们赶上了一个好时代。如果没有这个时代，大家可能就没有现在这样的收获了。新时代赋予我们新的使命，在平时的工作中，只要有事儿我就往前冲，在队伍里边争取冲在前列；新征程应当有新的作为，我踏着新时代大潮的浪花，不停地往前赶，今天回头看看，所有的付出都是值得的。"

谈及未来，郭良说，公司有 40 多个项目已经在可研阶段，可以预见在承德丰宁抽水蓄能电厂二期 500 千伏送出工程结束后，他与同事们又会踏上一段新的征程。历史的车轮永不停歇，奋斗者的脚步永远向前，对于郭良来说，忙碌又辛苦已经习以为常，但是走过的路每一步都算数。

在百年前的《建国方略》中，孙中山先生高度肯定了电力在国民经济发展中的重要作用。百年之后，这灯火漫卷的万里山河远远超出了孙中山先生的设想。而这背后，是无数电力人的艰苦奋斗与勇往直前。郭良说，今天的成就是建立在无数先辈奋斗的基础之上的。"随着时代变化、技术进步、规范提升，我们这些人不仅要跟上时代的脚步，而且要引领这个时代。"

12

"中央企业劳动模范"先进事迹

惟创新者胜

——记"中央企业劳动模范"张帆

深夜的燕山北麓，那黑暗中亮起的灯火，是张帆所在的项目管理二部。寂静的夜给予他片刻宁静，让他关于电力工程创新的思索更加明晰起来。

承德丰宁抽水蓄能电厂二期 500 千伏送出工程是张帆主管的部门负责的重要工程之一，承担着清洁能源送出任务，对达成"低碳冬奥"目标具有重要作用。然而，该工程也给张帆的团队带来巨大挑战，因为途经大量高山峻岭和防护林，所以安全管控难度大、对环境保护的要求较高。创新管理与技术，是推动工程顺利交付的重要方法，这也是张帆为之思考的方向。

推广"建监一体"

惟创新者进，张帆凭借十几年的工作经验，通过在管理方式上创新来提高效率。为强化现场建设管理能力，现场成立了"建监一体"项目管理部，优化管理模式，进一步细化职责分工。

工程开工前，张帆推动成立了集业主和监理项目部为一体的项目管理部，细化和增加现场职责分工。创新性地提出并开展了 4 个层级管理制度，分别为项目经理层级、综合业务层级、现场专业层级、专业人员层级。各专业人员根据岗位职责，负责与相关单位进行业务联系及沟通。专人对接确保了信息的集中性、唯一性。新模式减少了工作层级，有效压降重复性工作，实现资源共享，提高管理效率。

项目管理部实行"安全总监＋驻队监理"管理制度，划分责任区，确保实现电网工程建设安全有效推进。例如，某 500 千伏线路工程，按原来的配置需 22 名监理员工作 9 个月，大概 6000 个工日。按现行管理制度，仅在工程项目高峰期 2 个月投入监理员 50 余人，其他时间投入 10 人就能满足要求，总体工日约 5200 个，既可以落实安全管理制度，又能节约 800 个工日左右。

打造"智慧工地"

惟创新者强，张帆在该工程上推行科技创新，使之成为冀北地区首个全面采用"一体化深基坑作业智能机"的 500 千伏电网线路工程。通过对基坑作业人员周围环境的实时监测，大幅提高作业安全性。

此外，安全监察部于 2021 年年初将远程视频监控中心进行升级，引入 RPA 机器人流程自动化和 AI 人工智能功能，自动识别现场违章现象。张帆率先组织施工现场积极参与系统升级测试，同时为驻队监理配置与监控系统相连接的智能安全帽，力求解决施工现场环境复杂、作业面众多等问题。经过 2 个月的调试，升级后的监控系统大大提升了安全监管效率。

张帆表示："智能 AI 监控系统与智能安全帽协作，优势作用十分明显。现场作业人员和系统后台专家可实时联络，大大提高了施工的安全性和可靠性。"

争做"创新先锋"

从工程小白，到带领 100 多人的团队，张帆在一个个项目上攻坚克难，摘得一个又一个国家级大奖，并被评为"中央企业劳动模范"。作为团队的领导者，张帆每接到一个工程建设任务，就根据项目特点向团队成员抛出"蓄谋已久"的创新课题。此外，他还带领青年员工开展了 11 项新课题的研究，先后获得国家专利授权 21 项，发表学术论文 44 篇，科技成果在省、市级评比中多次获奖，部分成果已成功应用于交直流特高压工程中。

"满眼生机转化钧，天工人巧日争新。"从蒙西—天津南交流特高压、扎鲁特—青州直流特高压工程到张北柔直工程，再到如今的承德丰宁抽水蓄能电厂二期 500 千伏送出工程，张帆已经主持、参与建设 40 余项输变电工程。现在的他已经看得更远："小的目标，便是实现自我；大的目标是我们作为电力人，要把光明送给千万家。"

雄关漫道真如铁 而今迈步从头越

——记"中央企业劳动模范"吴顺安

他的脸庞日渐消瘦，他的两鬓日显斑白，然而他的步伐却始终那么坚定。清晰的管理思路，扎实的专业知识，求真务实、严谨缜密的作风，永不言败的劲头，他就这样赢得了干部职工的信赖，使得企业健康向上、员工精神振奋。他就是原国网冀北电力有限公司副总经济师吴顺安。

2925 天，创连续安全生产纪录

上任之初，吴顺安便确立了"用安全管理统领全局"的工作思路，多次召开专题会议强调安全管理的重要性，安全生产、安全培训与安全文化并重，层层落实安全生产责任制。

"在重大保电任务面前，不讲理由，不讲条件，必须确保万无一失"，这是吴顺安向员工反复强调的"硬指标"。2012 年，在保电规格高、标准严、时间长、恶劣天气频发多发的情况下，吴顺安亲临一线、靠前指挥，充分发挥公司保电工作总指挥的组织领导作用，带领公司员工秉承"一失万无、万无一失"的保电理念，发扬奥运保电精神，科学编制保电方案，建立起完备的保电工作体系，坚持全员、全时段、全过程、全方位保电，成功应对了"7·21"暴雨、"达维"台风等 7 轮强降雨考验，圆满完成了女拳世锦赛、北戴河暑期、党的十八大等重要供电任务，累计完成各项保电任务 278 项，兑现了"安全零事故、服务零缺陷、稳定零事件、保障零失误"的庄严承诺。

59.5 亿元，再造一个秦皇岛电网

吴顺安抢抓公司与秦皇岛市政府签订《"十二五"电网建设目标责任书》的有利契机，积极争取电网建设投资，推动秦皇岛市政府出台了《关于加快"十二五"电网建设的指导意见》《关于秦皇岛市电网建设工程实施管理办法》等支持文件，加快了重点电网项目的实施。

同时，吴顺安带领公司员工不断加强工程建设协调力度，加快地区电网建设步伐，整合多方力量，成功破解了线路施工受阻等难题。据统计，"十二五"期间，秦皇岛地区电网建设投资达到 59.5 亿元，相当于再造一个秦皇岛电网。到"十二五"末，全市 110 千伏及以上线路达到 2733 公里，变电容量达到 1297 万千伏安，分别是 2010 年的 1.45 倍和 1.73 倍，形成以 500 千伏天马、昌黎和秦皇岛热电厂为中心的地区"三点三线五环"主网架结构。

51.4%，公司组织机构大幅精简

吴顺安紧紧抓住公司倡导的"三集五大"体系建设的革新点，打破传统思想观念和管理模式的束缚，将"集约化、扁平化、专业化"的先进管理理念和管理方式与公司实际相结合，组织谋划并制定了公司"三集五大"改革操作方案，全面启动对公司管理模式和业务流程的变革与再造。

通过这次改革，国网秦皇岛供电公司本部二级机构精简率为 51.4%，县公司机构精简率为 60%。实现"五大"定员编制后，公司本部人员由 1475 人减少为 1083 人，用工效率提升 26.6%；县公司人员由 815 人减少为 478 人，用工效率提升 41.3%。

"2013 年是贯彻落实'十八大'精神的第一年，是'三集五大'新体系高效运转的第一年，是实施'十二五'电网规划承上启下的重要一年，机遇与挑战并存。我们将在公司的正确领导下，以'两个价值最大化'为目标，以高质量服务地方经济发展为己任，明晰'做好企业、做好员工、做好市民'的发展愿景，全面提升安全能力、发展能力、经济效益、组织效率和品牌价值，争当公司综合管理的排头兵……"在吴顺安心中，早已清楚勾勒出了今后的发展脉络。

雄关漫道真如铁，而今迈步从头越。吴顺安，这位与电力事业有着深厚感情的电力企业掌舵人，正带领着国网秦皇岛供电公司广大干部员工以更加昂扬饱满的热情和务实创新的精神，投入到改革发展的大潮之中，乘风破浪，扬帆远航！

13

"国家电网公司劳动模范"
先进事迹

改革创新 砥砺奋进

——记"国家电网公司劳动模范"马增茂

管理创新的先行者

马增茂任职国网冀北检修公司总经理期间，开拓创新、真抓实干、恪尽职守。他始终坚持高标准建设、高质量推进的原则，带领公司广大干部员工取得了优秀工作业绩，公司经营管理水平再上新台阶。

为了实现公司整体建设目标，他运用责任矩阵模型（RACI）、二维对标等先进管理工具和方法，对 162 项指标进行全方位诊断评价，建立以指标型和流程型为导向的方法，建设以指标型和流程型为导向的管理体系，确保公司管理更加精益高效。

马增茂稳步推进运维一体化管理，组织开展红外检测等 45 项 D 类检修项目培训和实施工作，有效促进了运行和检修人员的双向提升，提高了运维效率。他科学组建检修分部，运行维护、设备消缺、应急处置的效率同比提高 30% 以上，运维一体化、检修专业化优势得到彰显。

安全生产的领军人

为确保安全生产局面保持稳定，他始终坚持"安全第一，预防为主，综合治理"的工作方针，狠抓作业现场安全监督，强化风险管控，防范外力破坏，提升应急抢险能力，实现安全生产"零事故"工作目标。

他积极组织开展输变电精益化管理，推进现场标准化作业，深化设备隐患综合治理，加强对重大检修、恶劣天气的联合演习和专项演练，有效应对雾霾、暴雨、冰冻等恶劣气候，保障电网安全稳定运行，圆满完成了党的十八大、十八届三中全会等重要政治保电任务。通过完成源霸双回线、海万一线紧凑型线路改造任务，使输电线路抵御微地理、微气象气候能力大幅提升。

同时，他逐步完善安全生产责任体系，牢固树立"不按标准化作业就是违章"的理念，逐级签订安全生产责任书，使安全责任得到落实。成立安全质量稽查队，对生产现场进行严格督导，使违章行为得到有效控制。强化外包队伍安全管理，积极开展"安全第一课""安全生产知识竞赛"活动，制作安全生产动画片，建立"安全文化长廊"，使得员工安全责任意识显著增强。

队伍建设的带头人

在公司组建唐山、承德、张家口检修分部过程中，马增茂加强各中心和检修分部的协调配合，使检修维护、应急处置效率提升 30%；深化运维一体化，使得变电站无人值守运行顺畅；明晰职责边界，优化工作流程，建成"全业务覆盖、全流程覆盖、全岗位覆盖"标准体系；坚持正向舆论引导，开展员工思想动态调研，设立总经理信箱和合理化建议信箱，畅通诉求渠道，保持职工队伍稳定。

马增茂积极学习推广丰田精益管理模式，以刚毅果敢的姿态，带领公司进行精益化管理，确保公司的综合计划顺利完成，显著提升全面预算管理水平；加快推进财务风险管理，月度资金计划完成率在 99.5% 以上；完善协同监督工作机制，实施项目全过程管控，开展车辆清理整顿、"三公消费"自查，严格执行"离任必审"制度，依法治企水平持续提高。

在队伍建设方面，马增茂展现出了雷厉风行的工作作风。通过组织开展"两级六维"全员绩效管理，出台《公司特殊绩效激励管理办法》，创新 TWI 培训体系，建立后备干部人才库，全面激发了广大员工干事创业热情。他进一步规范劳务用工管理，建立选拔、培养、考核全过程管理机制；以身作则，严格执行"八项规定"，率领领导干部厉行勤俭节约，积极服务基层一线；开设"道德讲堂"，组织党员承诺践诺、微型党课等活动，有力推动党建工作的闭环管理和与中心工作的紧密结合。

路在脚下 走在前列

——记"国家电网公司劳动模范"王志宇

王志宇始终以创新攻坚、争先奋进的态度与精神，积极践行着一名党务工作者应有的担当和忠诚，这也是他作为一名基层党员干部的初心所在。

夯实基础——做好党建工作必修课

"基层党建工作就像一座高楼的地基，看到的是外观外表，重要的是基础牢不牢。"王志宇是从部队转业到地方工作的，多年来的军旅生涯，练就了他做事认真、严谨细致的态度，尤其是对于夯基础的事，他始终放在重中之重、丝毫不敢马虎。

2013—2015 年，为全面加强国网廊坊供电公司党建基础工作，他与有关人员广泛开展基层调研，细致梳理归纳，使各种规章制度从无到有、从粗陋到完备，最终建成体系。依托国家电网公司标准制度体系，结合国网廊坊供电公司实际，他共梳理、修订和制定党的建设5 大类别80 余项内容的制度体系，兄弟单位纷纷来公司学习借鉴。他提出建设"党员之家""青年之家"等活动阵地的设想，把变电检修中心最大的会议室协调下来建"家"，在功能设置、氛围营造上下足了功夫，尤其是积极动员党员同志把自己的信念、初心和承诺写在党旗下，融入了集体的信仰力量。建成后，党员之家内容丰富、功能齐全、氛围浓厚，在广泛应用的同时，也被公司评为五星级党群工作示范点。

融入中心——以创新激发工作活力

王志宇心中有大局，他始终注重结合中心工作任务，推动党建工作在继承中创新、在创新中发展。他手中总是放不下那份重点工作任务清单，一有时间，就到职能部门去坐一坐、聊一聊，与大家进行充分讨论，反复推敲思考如何用创新手段，推动党建工作与中心工作更好地做到内嵌融入、共同提高。

他牵头构建了"一体尽责、双＋融入、三基支撑"党建工作体系，创新开展党支部结对创优、"党建和创"工作模式，推行"书记项目""党员大会六问制""我是党员、向我看齐"等做法，成效显著、亮点频出。2018 年，国网廊坊供电公司党委探索实践"党建＋安全""四维四融"新路径，高质量建成"党建＋安全"阵地，经验做法被推报至国务院国资委，案例分别在中宣部《党建》杂志和新华社《半月谈》杂志发表，把党建创新经验写进了党刊。同时，由他牵头撰写的 7 项典型经验成果分别获得"河北省管理创新一等奖""廊坊市党建思想政治工作创新项目一等奖"等荣誉。

聚力前行——积极践行应有的担当与忠诚

在王志宇的时间表里没有假期。一把办公椅坐了整整十年，办公椅手柄已经严重磨损，别人劝他换一把，他总是说，他对这把椅子有感情，离开了它工作都会没有思路。长年熬夜伏案，王志宇的颈椎变形严重，压迫神经导致疼痛难忍。当家人和同事催促他去医院治疗的时候，他总是推脱，这点小病痛算得了什么，几个书本垫在显示屏下就能解决的问题，哪里用得着去医院。正是这种以身作则和奉献在先的精神与态度，时刻都在感染和激励着同事们自我加压、奋进前行。

在"不忘初心、牢记使命"主题教育、党史学习教育开展过程中，王志宇着眼于解决发展最需要、职工最关心、客户最关注的问题，带领党建部的同志们将任务分解细化为"一表两单"，推行"三级联学联动"学习模式以及"项目化"工作机制，设置"党史上的今天""党史知识云竞赛""党史党课微宣讲"等栏目，随时督导跟进各级党组织、党员的学习实践情况，积极帮助基层协调解决困难问题。他还组织开展"传承红色基因、担当强企重任"系列主题实践和红色文化展示，建成投运"廊电之光"党史馆，扎实推进"我为群众办实事"实践活动，学习教育成效得到了上级领导的高度评价和公司广大党员的一致认可。

累累硕果的背后是王志宇一直以来对工作一丝不苟的态度和勇于创新奋进的精神，他用自己一如既往的忠诚和坚守、辛勤与奉献，不忘初心、牢记使命，生动诠释和守护着电力人的责任与荣光。

电网设备的"守护神"

——记"国家电网公司特级劳动模范"王新彤

设备检修的"啄木鸟"

国网唐山供电公司变电检修中心管辖着唐山范围内 35~220 千伏变电站 136 座，负责这些设备的专业化检修、试验校验、异常诊断分析等工作。"从春修到冬，一刻不能松"是唐山地区电网检修工作的真实写照。作为分管生产工作的副主任，王新彤身上的责任与担子有多重不言而喻。

"只有开展状态检修、提升检修效率才能缓解这种现状。"细心的王新彤结合自己负责的工作沉到一线，一门心思地研究起解决检修技术难点和复杂问题的"秘诀"。

过去，变压器检修基本上是对变压器存在的缺陷进行消缺性检修，没有形成系统、规范、标准化的检修模式，往往造成同一台变压器刚处理完一个问题不久，又会出现另一个问题，造成重复检修，浪费人力物力，还造成了负荷损失。王新彤带着班组人员逐台收集、分析设备状态信息，在综合分析近年来变压器主要缺陷的基础上，编制建立了设备检修"健康报告"，依据"健康报告"科学制定状态检修计划，推行变压器设备综合检修工作法，使变压器的一些隐性缺陷在暴露前就得到处理，不仅减少了停电次数，提高了检修效率和效益，还把事故抢修转变为事前检修，避免了以往"头痛医头、脚痛医脚"的弊病。

"他就像一只'啄木鸟'，从早到晚连轴转，用心守护着日均负荷 1000 万千瓦以上高位运行的唐山地区电网，我们都称他'电网医生'。"谈起王新彤，同事赵昕满怀敬佩地说。

技术革命的"领头雁"

"企业经营和安全管理的重心在基层，创新在基层，活力源泉也在基层。"王新彤常说，只有立足工作实际创新的技术成果才有价值。

由于长期跟设备打交道，王新彤知道，什么样的工具才是检修试验工作最需要的，而这些设备往往又是市场上没有的。作为国网冀北电力公司知名的技术专家，王新彤凭借扎实的专业知识和丰富的工作经历，把目光锁定在提升检修效率效益上，立足工作实际展开了艰苦的技术攻关和科技创新。

王新彤在变电检修中心生产工作，而创新的种子也正是从这里点燃的。有一次，王新彤发现高压试验中对电力设备加压时，每次都是用安全围栏将加压区域圈起，然后依据围栏圈起的形状、面积和现场条件派 3~5 名试验人员在栏外自行监护，不仅增大了试验人员的工作量，还可能因现场疏忽发生安全事故，效率低、效果差。

"能不能研究一项电子监护系统来改变人工监护呢？"针对高压试验领域传统人工监护的不足，王新彤琢磨起别人眼里看似"异想天开"的事情。他把自己的想法向领导作了详细的汇报。得到批准后，他带领技术团队争分夺秒，翻书找资料研究，询问专家指点迷津，反复修改技术方案，制定革新计划并严抠细节，不断调整相关实验，不怕吃苦、不怕失败。

功夫不负有心人。几经努力，"智能高压试验电子监护系统"终于研制成功。这个系统利用先进的红外感应技术、智能识别技术、无线传输技术和单片机控制技术等，可实现自动感知现场危险源、智能提醒、分级报警、紧急响应等功能，从根本上改变了高压试验人工监护的传统方式，提高了高压试验的自动化和智能化水平。这一成果获得了国家发明专利及实用新型专利授权。

自王新彤开展技术攻关研究以来，主持的科技项目先后有 14 项荣获原华北电网公司科技进步奖。担纲研究的 9 项创新成果获得国家专利。其中"电力系统高压试验用电子安全防护方法"获得国家发明专利，填补了国内智能高压试验监护电子化的空白。

创新创效的"吸铁石"

2011 年 4 月 12 日，对王新彤来说是一个非同寻常的日子，以他名字命名的创新工作室正式挂牌成立，一种"滚雪球"式的人才成长模式也由此形成。

在王新彤和"王新彤创新工作室"的影响带动下，通过举办技术创新竞赛、技能竞赛，建立和完善技术培训、考核评估、表彰奖励等一系列工作制度，吸引了一大批优秀员工。目前工作室已吸纳 54 名优秀人才，通过开展导师带徒、课题研究"手拉手"、攻关竞赛等活动，围绕企业生产经营的重点、难点、关键问题，有针对性地开展技术攻关、技术改造和技术发明，形成了一支高技能、高学历、年轻化、重知识、敢担当、肯干事、能成事的创新队伍。

人才吸引人才最省力。"王新彤创新工作室"成立以来，不仅取得了丰硕的创新成果，还像一块"吸铁石"，产生着强烈的磁场效应，各个单位纷纷以此为示范，一场群众性创新创效浪潮正在国网唐山供电公司广泛兴起。

"金扳手"王德林

——记"国家电网公司劳动模范"王德林

王德林在国网秦皇岛供电公司有口皆碑,"国家电网公司劳动模范"、十项国家专利、"河北省能工巧匠"、国网冀北电力有限公司"金牌工人"、国网冀北检修专业地市公司级"优秀专家人才"等多项荣誉都指向他一人。

2015 年,小营变电站断路器大修,在进行断路器特性试验时,一个难题阻碍了工作进程:无论怎么调试,分闸速度都不达标。厂方技术人员很无奈。王德林晚上回到家后,经过认真钻研,确认问题就出在机构阀体上。第二天,将机构阀体全部解体后,厂方技术人员确认的确是因为生产过程中操作失误,使得排油孔孔径缩小,导致截流,影响了分闸速度。当厂方技术人员通开孔径,测试,分闸速度合格!

王德林的"育人经"

苏联作家奥斯特洛夫斯基在《钢铁是怎样炼成的》一书中写道:"人的一生应当这样度过:当回首往事的时候,他不会因虚度年华而悔恨,也不会因庸庸碌碌而羞愧。"这是王德林的座右铭,也是他日常教育徒弟的常用语。

曾经有个徒弟问王德林:"师父,咱们拿扳手的能干出啥名堂?"

王德林告诉他:"'铁扳手'拿好了,可以变成'金扳手'。"

王德林平时话不多,他更擅长是用自己的实际行动为徒弟们做出榜样。

工作中,王德林一丝不苟、精益求精,每一项工作都力求完美;闲暇时,王德林书不离手,常常对照图纸反复研究技术难题。在他的榜样作用影响下,徒弟们也养成了看书钻研的好习惯,工作中遇到问题就打破砂锅问到底,技术上遇到难题就缠着师父讲明白,师父干得认真,徒弟们学得仔细。

为带出一只过硬队伍,王德林将理论与实践有机结合,想出"双培双带""大家说法""快乐讲堂"活动的"金点子";针对青年员工心浮气躁、掌握知识不扎实情况,他通过"导师带徒""现场教学""每人一课"活动,快速提高青年员工技能水平。

就这样,创新工作室活跃起来了。徒弟们在师父王德林的悉心教导下,慢慢成长起来,刻苦学习、钻研技术蔚然成风,改进工作、提升效率、提高效益成为大家共同的追求。

王德林的"荣誉室"

为推动职工创新创效工作有序开展,劳模创新工作室集中各层次骨干,提出"立足科技创新,解决技术难题"的工作理念和"决策上有扶持,技术上有保证,实践中出成绩"的工作目标。工作室强调团队合作的重要性,发现问题、集思广益解决问题,突出集体智慧,不断提升检修工艺方法,优化工作流程,解决了大量生产技术难题,有效提高了现场工作效率和检修工艺。

对来源于生产实践、凝聚大家集体智慧研究出的"宝贝",徒弟们如数家珍:"高空作业检修梯"的研制改变了隔离开关检修作业的活动方式,大大提高了检修人员作业的安全可靠性,该项成果荣获全国优秀 QC 成果奖;"断路器防跳回路试验仪"的研制,解决了传统试验方法中存在的弊端,提高了断路器防跳回路检验的精准性,确保了断路器稳定运行的安全性,该项成果荣获公司 2014 年职工创新创效优秀成果一等奖;"多功能检修架"的研制大大提高了检修工艺水平,缩短了检修时间,取得了良好的经济效益,该成果获得国网秦皇岛供电公司"五小"及合理化建议优秀成果一等奖;"220 千伏水平旋转式隔离开关作业检修架"成果在原华北电网公司 QC 成果评比中荣获一等奖。

2016 年,王德林劳模创新工作室获国家专利 23 项,全国优秀 QC 成果 2 项,河北省科技质量成果奖 5 项,公司优秀科技成果一、二等奖 4 项,多个班组荣获"全国质量信得过班组""全国优秀质量管理小组""河北省质量信得过班组"荣誉称号,创新工作室研发的"五小"创新成果获各级荣誉 36 项。

锐意进取　开拓创新

——记"国家电网公司劳动模范"史永宏

以"维护建设单位利益、施工单位利益不受侵害"为宗旨，以"思于广、管于严、行于精"为管理理念，以"三控、三管、一协调"为手段，以"积极协调、有序组织、强化管理、总结提高"为方法，凭借多年施工、监理经验，史永宏频繁深入施工现场，及时了解安全质量状况，有条不紊地组织开展施工监理工作，进一步提高了所监工程安全质量管理水平，得到了建设管理单位的多次好评。

刻苦学习　精益求精

随着电网事业的迅速发展，特高压建设的突飞猛进，"人才强企"战略的深入开展落实，"刻苦学习，精益求精"成为国网人不断进取的先决条件。为了不断适应电网建设的需要，提高并增强工作和创新能力，史永宏自担任总监理工程师以来，始终把加强学习作为做好本职工作的强大驱动力，努力提高自身的综合素质。他通过积极向书本学习、向实践学习、向前辈学习，努力掌握科学的新思想、新知识、新经验；通过开展调查研究，掌握第一手资料，并虚心向有经验的同志学习和请教。

爱岗敬业　无私奉献

川藏联网工程开工伊始，史永宏积极响应国家电网公司号召，肩负着公司的重托，不惧施工环境恶劣、工程建设难度大、交通及物资运输条件差、高原生理健康保障困难以及维稳工作压力大的难题，毅然进场。他详细了解了巴塘变电站站址的自然环境，根据长期高原施工及监理经验，编制了针对性强、切实可行的施工监理文件，并组织监理人员进行了全面、详细的安全质量培训；在安全环境健康方面强调高原病的预防及劳逸结合的调理；在质量监控方面强调工程建设的难点、重点以及需要特别注意的关键、重要工序，做到对每道工序心中有数；在安全监控方面强调预防为主。与此同时，他还定期组织月度例会及安全质量检查，分析、总结上月施工现场的安全、质量及文明施工情况并提出要求；并根据施工现场情况，及时召开专题会议，对现场存在的安全、质量问题进行深刻剖析，提出整改要求，将一切安全质量隐患消灭在萌芽。通过上述工作的开展，巴塘变电站的施工安全与质量始终处于受控状态。

为了早日完成川藏联网工程巴塘变电站的施工建设任务，史永宏积极响应川藏联网工程建设指挥部的建设要求，除 2014 年春节外，放弃所有休假机会，以强大的韧性、坚强的意志，带领监理团队全天候战斗在巴塘变电站施工现场。在加强巡视、旁站、平行检验工作的同时，史永宏坚持"日碰头"制度，分析、总结当日施工状况及存在的问题和原因，研讨解决办法，布置次日工作，协助施工单位精心组织、精心安排、精心施工，杜绝失误，避免返工现象的发生，全力保障巴塘变电站施工安全质量。经过 12 个月艰苦卓绝的奋战，迄今为止世界上施工最艰难、最具有挑战性的输变电工程顺利完成。

以身作则 狠抓实干

"以身作则""少说多做"是史永宏一贯的工作作风。在一个又一个项目施工监理的日日夜夜，史永宏倾注了大量的心血和汗水。他白天忙碌在施工现场，很少能在办公室见到他；晚上则在办公室编排明天及下一步监理工作计划。顾不上自己的身体，更顾不上自己的小家。他所带领的项目部员工都非常敬佩他的工作作风和不怕吃苦、埋头苦干的精神，说起他无不竖起大拇指。

史永宏作为总监理师，承担工程质量、进度、投资、安全控制的第一责任。作为基层领导他不辞辛苦，任劳任怨，无私奉献，经常第一个到工地，最后一个离开工地。为严把质量关，他每天深入工地一线，查看工程实体质量，如有疑问，第一时间督促施工单位落实。在审批施工单位措施方案时，他仔细推敲，从"人、机、料、法、环"五个方面分析研究措施的安全性、可行性。尤其是对施工组织设计的审查，他特别仔细，认真推敲施工单位提出的对难点和危险点的提前预见，及在施工过程中加以控制和避免的措施，并提出监理意见。因此，他多次获得业主和施工单位的好评。正是由于史永宏亲自督导、率先垂范，他所带领的监理部每个人都认真执行规范标准，每个人都积极学习，为搞好工程监理奠定了坚实的基础。

"四特"电网人

——记"国家电网公司劳动模范"刘文增

提起刘文增,北京华联电力工程监理公司的广大职工都会说,他是个称职的"四特"电网人。

特别能吃苦

他所监理的锡盟—山东 1000 千伏特高压交流输变电工程线路工程 1~5 标段,全长 2×193.178 公里,共有基础、铁塔 678 基,经过的内蒙古自治区多伦县和河北省承德地区气候寒冷(多伦地区最低气温达零下 40 摄氏度)、地形复杂(山区、高山大岭占 90%),是整个工程中最难、条件最艰苦的区域。面对这样的环境,他没有退却,反而更坚定了信心,从线路踏勘、复测、工地巡视及例行检查,到基础、铁塔验收,无不留下他的身影。酷热的夏天没有阻碍他爬上崇山峻岭中作业点的脚步,严寒的冬季没有浇灭他冲击暴风雪奔赴工作场地的热情。

到 11 月底,2 标段其他铁塔组立全部完成,唯一剩下 1 基 2L128 铁塔迟迟未能组立完成,影响了后续架线施工计划。他为了掌握现场实际情况,要再次到现场查看。出发前施工项目经理劝说他:"刘总您就不要再上去了,太远了,项目部开车到山下要 2 个小时,爬山还要 2 个多小时,况且山高路陡,路上还有厚厚的积雪呢"。"没关系的,既然工人师傅们能上去,我就能上去,出发吧!"于是,他们一行人在天刚蒙蒙亮的时候就踏上了征程。

就是这样,只要工程中有难点、有疑点,就都留下了刘文增到场的脚步。

特别能战斗

锡盟—山东输变电工程线路工程 2 标段 2L160-2L166、2R157-2R163 放线区段同时跨越 500 千伏上承 I、II、II 线。500 千伏上承线是上都电厂唯一的送出线路,三回不能同时停电,且跨越点地处山地,被跨线路对地距离较高,而施工时间只有短短 13 天,施工难度相当大、任务艰巨。

为顺利完成跨越施工监理任务,他带领监理团队在《安全监理工作方案》基础上,专门编制《跨越500kV上承线路监理监督方案》,认真进行了跨越段风险调查和分析,提出了监理关键控制项目,对分工进行明确、责任进行细化,并在施工前向监理人员进行交底,认真组织开工条件核查。他组织召开专题协调会,督促施工项目部增加机具、人员投入,要求施工单位分管副经理到场进行监督；加强放线施工机具的检查力度，确保不合格的施工机具不在工程中使用，避免发生设备损坏、人身伤害等事故；严格监督施工项目部的交底和培训过程，确保交底和培训取得实效；监督专家审查和优化后的方案落实。他还安排安全监理师、监理组长和监理员采取签证、旁站、巡视等监理方式，加强过程管控力度，为跨越施工保驾护航。他放弃了中秋节及国庆节的放假休息时间，在跨越期间一直坚守现场，最终安全顺利地完成了跨越施工任务。

截至 2015 年年底，团队在他的带领下，安全顺利完成 10 次 500 千伏电力线路跨越、4 次 220 千伏电力线路跨越、4 次高速公路跨越等施工监理任务。

特别能忍耐

快到国庆节了，爱人打来了电话："老公什么时候回来呀，说好的今年要带儿子出去玩玩，儿子问了好几次了还去不去。""哎呀！老婆这次又对不起你和儿子了。我们这正在进行上承500 千伏跨越施工，实在是走不开了，你和儿子再好好说说吧。"爱人再没有多说话，这么多年过来了，她太了解他了，她也更了解电网工程建设者，他们没有节假日，就是春节能在家过的时候又有几次？别人家团团圆圆、开开心心地围在一起吃着水饺，看着春节晚会，而他的爱人为了哄儿子开心，只能强颜欢笑。每当打电话抱怨的时候，他总是安慰说："我们是光明的使者，我们回不去家不就是为了给你们带来光明，让你们安心地看上春晚吗？"其实爱人哪里是抱怨，更多的还是关心和思念，这么多年她早已习惯聚少离多和独自持家的艰辛。

刘文增又何尝不是常常忍受着对家人的思念，白天他是崇山峻岭间的健行者，夜晚与文件资料为伴，节假日仍与同事一起坚守监理岗位。他和同事们说得最多一句话就是"扛得住压力、耐得住寂寞、守得住希望"。正是因为这样，他才成为了一名合格的电力建设者，他的成绩得到各级领导的认可，成为电力建设事业的佼佼者。

特别能奉献

他今年 53 岁了，自 1990 年进入北京送变电有限公司，从一名学徒工开始，到技术员、总工、项目副经理、项目经理，直到如今北京华联电力工程监理公司的锡盟—山东输变电工程线路工程总监，他的青春和事业从来没有离开过电网建设。他的足迹遍布全国各地，建设完的电网工程质量都得到业主的认可与好评。

每当看到巍然屹立的铁塔、飞舞的"银线"，他就会感觉无比地骄傲和自豪，心里感觉到作为国家电网人的神圣使命和光荣职责！他的一生都将立足岗位，无私奉献，用实际行动践行"努力超越，追求卓越"的国家电网精神。

新能源创新前沿的耕耘者

——记"国家电网公司劳动模范"刘汉民

2016 年 12 月 11 日，国家风光储输示范工程荣获经国务院批准设立的我国工业领域最高奖项——第四届中国工业大奖。

国网风光储输公司作为示范工程建设运营单位，不畏严寒、攻坚克难，高质量完成了工程建设任务。该工程采用世界首创的"风光储输联合发电"技术路线，成为世界上第一个集"风力发电、光伏发电、储能系统、智能输电"于一体的风光储输示范工程，为破解清洁能源大规模并网这一世界性难题进行了前沿性探索，取得了丰硕创新成果。

这其中的创新耕耘者之一就是时任国网风光储输公司副总经理、总工程师刘汉民。从 2011 年来到国家风光储输示范工程现场起，无论寒暑，他都白天扎在现场，晚上查阅资料。从双馈风机的齿轮箱机械原理，到直驱风机的永磁发电方式；从五种光伏主流组件，到多类型储能系统的控制，他都看遍了、摸透了、用熟了。

为做好各项新技术、新设备的数据积累和路线比对，他和大家度过了无数个不眠之夜，始终"累并快乐着"。他同大家一样边学习、边探究、边试验，公司办公楼里他办公室的灯总是最后一个熄灭。他带领示范工程建设者们率先建立了适应我国风电密集区风电机组高电压穿越的技术标准；首次开发并应用了百千瓦级化学储能电池，还自主开发了可监控 30 万节不同类型电池的控制系统，使得规模化化学储能走向实用；以大容量风光储关键技术研究及示范应用技术的立项、研发及应用为基础，形成了风光储输联合运行的关键技术，建成了国家风光储输示范工程，并将该项技术推广应用到敦煌风光储等项目，为建立新能源联合发电技术提供标准。

示范工程的投产给风光储人提供了更大的创新平台。在化学储能电站，刘汉民说："该储能电站已经涵盖 5 种类型的电化学储能电池，共计近 30 万节，突破了大规模电池储能协调控制和能量管理的关键难题，首次实现了同一站内风光功率的平滑输出等多种高级应用，解决了风、光发电不确定性引发的电力系统调峰、安全问题。"目前，电动汽车电池梯次利用、光伏和风机虚拟同步机项目的相继顺利落地，为电网储能关键技术创新提供了大规模试验示范。

2017 年，全球首个具有虚拟同步机功能的新能源场站顺利投产。在验证黑启动功能试验时，正值坝上草原的夏季弱风期，由于风速连续多天没有达到试验条件，刘汉民带领他的团队 24 小时守在风机边。一箱方便面，一百个公司食堂的油饼，成为所有试验人员的现场工作餐，他们担心离开试验现场去食堂吃饭时会错过试验的最佳风速。最终，对讲机中一声"合闸、启动"，风光储输示范工程顺利完成了既定试验项目，取得圆满成功。

在他的带领下，以风光储联合发电互补机制及系统集成为代表的五大关键技术已取得 87 项专利授权，获得数项省部级科技成果奖，部分创新成果达国际领先水平。如今，示范工程的运营经验、创新成果已经为外界所认可借鉴，并推广应用于我国宁夏回族自治区、青海省多个新能源联合发电示范工程。

刘汉民的爱人是日本留学回来的医学博士，带着孩子在石家庄工作生活，夫妻俩大半年都见不着面。有一次，爱人从石家庄来北京出差，想来张北县看看刘汉民，到了张家口后，打电话才知道刘汉民已经到了北京开会，夫妻二人擦肩而过。公司、现场、北京，他已经记不清在这条道路上往返了多少次。而在风光储输示范工程建设现场，像刘汉民这样艰辛付出的，不止一人。为实现"清洁能源梦"，刘汉民和同事们无怨无悔付出青春与心血，他们感恩在背后支持的家人，所有的荣誉也有家人的功劳。一直以来，在风光储的科技舞台上，刘汉民充分调动大家主动创新，激发创造潜能，注重严于律己、言传身教，更注重满腔热情、毫无保留。虽然没有了舒适与休闲，对家庭和孩子也心存愧疚，但他始终干劲不松、激情不减。

"一心向着自己目标前进的人，整个世界都会给他让路。"瞄准新型电力系统"中试基地"的建设目标，风光储输示范工程将在新能源领域持续保持领先地位。刘汉民在工作中努力实现人生价值，在本职岗位上无私奉献，勇挑重担，用自己的朴实无华谱写出壮丽的青春诗篇。我们有理由相信，在无数个像刘汉民这样建设者的共同努力下，国家风光储输示范工程一定会助力"双碳"目标落地，在履行"一保两服务"职责的征程上取得更加优异的成绩。

用心苦锤炼 十年磨一剑

——记"国家电网公司劳动模范"刘冰

检修一线的职业尖兵

十年,不长,也不短。对刘冰来说,这是历练的十年、成长的十年。从最初被分配到国网廊坊供电公司变压器检修班组,清油罐、拧螺丝、抡扳子,到转战高压试验班组,查找故障、带电测试、事故抢修;从前期的工作票填写、开工前的技术交底,到工作中的监督控制、完工后的验收总结,一切都是从头学起。仅用了不到 2 年时间,他就从"小跟班",长成了"顶梁柱",不但在国网廊坊供电公司安规及工作票竞赛中取得第一名,更在国家电网公司"第三期高压试验技术人员强化培训班"学习中表现出色,一举荣获"优秀学员"称号。

"机遇总是垂青那些有准备的人",这句话用在刘冰身上再合适不过。那是 2013 年的冬月,在对爱德 220 千伏变电站进行现场验收时,他敏锐地发现,电容器成套装置产品的选型错误,与设计要求严重不符。按照该站原有设计,9 组电容器的补偿容量应为 72144 千乏,而现场设备实际最多仅能提供约 16712 千乏的补偿容量。在电容值不变的情况下将造成实际运行的无功补偿容量不足设计值的 1/4,导致无功补偿度严重不足,同时也达不到对电网高次谐波的抑制要求。正是这一发现,避免了 300 多万元的设备费用损失。

多年的一线工作,为刘冰打下了坚实的专业根基,也成为他不断成长的肥沃土壤。

创新前沿的技术骨干

国网廊坊供电公司变电检修室有个创新工作室,刘冰是那里的常客。曾经的变压器检修、变电检修、高压试验三个专业的工作经历,都成了他宝贵的创新资本。他和他的团队伙伴们一致认为,无论什么创新,都要服务于实际的工作,否则就是"花架子"。"将工作中积累的经验转化为服务一线的创新成果"成了他们孜孜以求的创新目标。

"对重点设备进行实时测温监测的项目正在旁边新源 110 千伏变电站运行着。它实现了红外测温实时在线监测，弥补了人工巡视和无人值守在安全运行中的薄弱点，从根本上消除了例行巡检的空档期，有效降低了设备运维成本，提高了缺陷发现能力，效果不错。"提到他们的创新成果，刘冰如数家珍，尤其对 2014 年年底完成的"重点设备实时红外测温安全监测"的研究比较满意。从项目方案到实施地点，每一个环节都是他们经过深思熟虑的。"从项目确定到成功，我们 9 个人的小组干了 11 个月，当然，都是用自己的时间干。"只有小组成员，才知道这个创新项目实施中的酸甜苦辣，也只有他们才能品尝成功后的快乐。

正如宋庆龄所说："任何成就都是刻苦劳动的结果。"经过不断地发现、研究、转化，刘冰已经在重要期刊上发表了 10 余篇专业论文，先后有 9 项创新成果获得国家实用新型专利。

集聚智慧的管理达人

2015 年，国网廊坊供电公司承接了公司党群示范点建设任务，其中，变电检修室承担了"党建带团建""廉洁从业""建功建家" 3 个示范点创建任务。作为兼职纪检监察员，刘冰自然成了"廉洁从业"这部分的"主创人员"。

"这个工作说到底就是要解决一个让大家能够入脑入心的问题，想出并做实各种能为大家所接受的方法就是我们要做的。想明白了这一点，工作就有头绪了。"他组织单位的年轻人，集聚智慧，一起想办法。很快，《廉洁从业宣传手册》口袋书、"清风廉话"微信公众号等十余项创新项目出炉了。

"我们编制了《廉洁从业宣传手册》口袋书，主要是受到了《安全生产宣传手册》的启发。"他们将反腐倡廉建设工作和干部员工应知应会的知识点进行整理、编纂，以漫画、家属寄语这些轻松、亲切的形式在员工中进行传播。此外，他们充分利用微信这一快速传播渠道，推出了"清风廉话"微信公众号，结合变电检修室"每周一提醒"廉洁从业教育工作措施，定期推送相关文件精神、格言警句、图片漫画、微型视频。创建的道路并不是一帆风顺，需要刘冰不断地动脑筋，见招拆招。最终，示范点创建工作以高分通过公司验收，刘冰和他的小团队总结提炼的经验也已经被兄弟单位广泛学习和复制。

除了示范点创建，在其他管理方面，刘冰也颇有建树：在 2015 年，他组织实施的《搭建"六室一家"人才培养平台，促进青工队伍素质提升》获得河北省企业管理创新成果一等奖；《通过"四化"管理 推进精益检修》获得北京市企业管理创新成果二等奖。

企业的领跑者

——记"国家电网公司劳动模范"闫承山

他敢拼、敢干、敢抢工期，在电网建设上，博得"拼命三郎"的称谓；他细致、严谨、创新高效，在企业管理中，赢得"精明掌柜"的美誉。他就是原国网秦皇岛供电公司总经理闫承山。

率先垂范 勇于担当

2015 年，国家能源战略的重点工程——500 千伏超高压高天三回换线改造任务落户秦皇岛。国家电网公司要求 2015 年 6 月底前务期必成。临危受命，闫承山手拿战书，斩钉截铁地回答："请领导放心，秦皇岛公司没有拿不下的阵地、攻不破的堡垒！"

90 公里的 500 千伏高天三回线路技改工程，闫承山带领干部职工不畏阻力、主动沟通，积极争取多方支持，创造了提前 30 天实现秦皇岛段全线贯通的建设奇迹，该工程也获得了国家电网公司示范工程。

闫承山始终将电网建设作为公司生存发展的基础，他带领国网秦皇岛供电公司全面实施了配电网示范区规划建设和管理转型升级的"十大亮点工程"，初步建成配电网示范区"四大中心"，完成配网工程 212 项，投资 4.36 亿元，有效提高配网供电及"供互带"能力，该系列工程已成为冀北五市配网建设管理标杆。

他是追风者，创造了 500 千伏昌天线、高天三回换线、昌乐线属地协调及配网示范区建设的最快速度。

科学决策 改革创新

"农电员工转签，薪酬并轨迎接'家人'回归。"在农电工转签仪式上，闫承山的讲话句句暖心，农电员工人心所向，顺利完成转签工作。

农电工管理、县公司"子改分"和集体企业改革改制一直是困扰电网企业的核心难题，考验的是一个领导干部的大局意识、担当精神和管理智慧。面对复杂的内外部环境，闫承山大胆破解深层次矛盾，不等不靠、主动作为、敢为人先，坚定"功成不必在我"的信念，率先完成了各项艰巨的改革任务。特别是在农电用工方面，他前瞻性开展了薪酬体系一体化、情感认同归一化和成长成才标准化的探索实践，并与"三集五大"深化应用紧密结合，有效解决了长期困扰的结构性缺员难题。

他带领的团队不断探索，不断超越，公司经营管理工作取得长足发展，圆满完成农电工管理、县公司"子改分"任务，为全面推进"三优"管理迈出坚实一步。

惠及职工 情暖人心

"职工生活没有后顾之忧，工作才能安心。"闫承山深入推进国网秦皇岛供电公司"乐业工程"，开展生产、营销双功能区建设，取得房产使用权，改善工作环境；实现工作区域科学合理布局，高效发挥部门职能管控作用；建设职工餐厅，实现职工就近用餐，关爱惠及职工，丰富职工餐桌文化，制定健康周报，营造乐业"家"氛围。他与广大干部职工心手相连，用真心换职工的舒心与安心。

"传承秦电文化、弘扬百年精神"，他倡导文化引领和价值观浸润管理方法。他修旧利废，将国家文物保护单位——始建于 1928 年的南山电厂修缮布展，南山电力博物馆圆满建成，南山培训基地拔地而起，企业文化在百年电力中彰显动人魅力。

他是攀登者，刷新着秦皇岛电力人精神世界的一个个新的高度。

2015 年，面对复杂多变的经济形势和经营压力，面对繁重的改革发展任务和严峻的安全稳定考验，闫承山团结带领广大干部员工，坚定不移推进"两个转变"，破解发展难题，厚植发展优势，提升队伍素质，着力强基固本，努力提质增效。全体干部员工攻坚克难、奋发有为、进取争先，各方面工作取得了新成绩、实现了新突破。公司暑期政治保电万无一失，同业对标管理排名勇夺第一。安全生产和优质服务态势良好，电网建设取得突破，经营工作持续加强，管理水平稳步提升，"三个建设"全面加强。

国网秦皇岛供电公司如今已发生了翻天覆地的变化。打开往年的统计数字年表，审视和考量指标数据，可以倾听到闫承山铿锵有力的足音，看到他一行行奋斗的足迹，和他在挥洒汗水时创造的辉煌。

始于初心 甘于奉献

——记"国家电网公司劳动模范"刘学文

1990 年参加工作的刘学文把青春献给条条飞跃的"银线"和座座擎天的"铁塔",从业 30 余年,他不忘初心、精益求精,先后主持参建 220 千伏、500 千伏、750 千伏线路工程 10 余项。他常说:"基层是一本'教科书',让我虚心求教,夯实自我。"多年的基层实践,磨炼了他的意志、坚定了他的信念、增长了他的才干,使他的组织协调和驾驭全局的能力显著提高,为后续工作高效开展奠定了坚实基础。

开拓创新 提质效

在工程管理过程中,他坚持把技术创新作为引领发展的第一动力。在 1000 千伏锡盟—山东工程中他首次提出应用直升机完成吊装组塔,大幅度提升了组塔效率。该项成果荣获 2017 年国家电网公司科技进步二等奖。为提升本质安全,他在 1000 千伏榆横—潍坊工程中研制完成了深基坑钢筋绑扎吊笼装置,在 1000 千伏张北—雄安工程中完成了深基坑检测送风装置,作业人员的人身安全得到有效保证。同时,为解决线路迁改跨越高速铁路的技术难题,他组织专人研制高速铁路整体跨越封网装置。该装置操作灵活、安装便捷,封网、收网时间控制在 30 分钟内,满足铁路窗口时间要求。该装置获实用新型专利 1 项和发明专利 1 项,并于 2018 年获国家电网公司科学技术进步奖三等奖。根据施工实际,该成果不断进行优化,第二代吊桥式跨越装置于 2019 年年初完成型式试验,并获中国电力建设企业协会 2019 年度电力建设科学技术进步奖二等奖。

运筹帷幄 保供电

北京 2022 年冬奥会、冬残奥会是我国重要历史节点的重大标志性活动,为确保活动期间电网安全稳定运行,按照"简约、安全、精彩"的办赛要求,他组织公司各相关部门认真部署应急保电抢险工作，制定冬奥会和冬残奥会应急保电抢险工作方案。为确保应急保电抢险工作高效、有序开展，他带领公司安全监察部门、生产技术部门及应急抢险队伍反复推演方案的可行性和有效性，重点对多个场景下可能出现的倒塔事故应急抢修进行实战演练。

"冬奥会和冬残奥会召开正值冬季，如果出现严寒、大风情况，吊车起吊、人员组塔的安全、质量保证措施，咱们还要再细化，如何精准把控起吊高度和起吊重量，如何确保作业安全，这些细节一定要考虑进去。为提升工作效率，在应急抢修塔选型上我们也要精挑细选。"

每一次实战演练结束后，他都会带领大家进行演练总结。所谓实践出真知，正是通过不断地实战演练，才使各工序衔接紧凑，抢修人员间配合默契。在大家共同努力下，最终选择了 500 千伏电压等级的 QQT4 型绝缘应急抢修塔。该塔全高 32 米，总重 8 吨，具有非常高的绝缘性能，可在雨雪条件下长时间运行。该塔的使用有利于缩短停电时间，减少停电损失，提高供电可靠性。相较于一般 500 千伏铁塔吊车组立来说，能为抢修缩短 10 小时的有效时间。

正是因为他对工作的这份执着和精益求精，才使得北京 2022 年冬奥会、冬残奥会应急保电抢险工作圆满完成，提升了公司的应急保障能力。

以恒心坚守初心、用执着诠释坚守，不论是作为技术人员还是作为管理者，不论身处哪个岗位，他都坚定信念、勇毅前行，为他所钟爱的电力事业贡献着全部的力量。

永不消逝的电网铁军精神

——记"国家电网公司劳动模范"张东亮

张东亮，现任国网廊坊供电公司广阳供电中心副主任，他兢兢业业，扎根一线，20多年来始终以过硬的军人作风用心锤炼，用责任与担当、忠诚与奉献，践行着电网铁军的初心和使命。

勤学苦练，扎根平凡岗位创造一流业绩

自1998年部队复员以来，张东亮一直从事变电站内开关专业的检修工作，长期的一线工作经历，造就了他勇于创新、敢于担当的硬朗作风。

"咱们这次接的可是个'大活'，时间紧、任务重！都提起精神来，做好打硬仗的准备！"张东亮作为这次前进变电站开关柜改造工作的负责人，正在给班组成员打"预防针"。前进110千伏变电站为河北前进钢铁集团有限公司用户站，由于供电用户近几年厂内停产，电缆夹层长期存水，导致设备锈蚀严重，绝缘件老化严重，多次发生绝缘事故，已不能满足现有用电需求。2020年10月9日，张东亮带领整个班组驻扎在前进变电站，对站内55面10千伏开关柜进行更新改造。由于11月15日进入供暖期后，负荷压力会比较大，所以需要改造工作尽快完成。正常情况下开关柜两段母线改造工期至少需要45天，而该工程是四段母线，任务之重可想而知。但是张东亮不畏艰难，勇挑重担，身先士卒，与班组成员历时一个多月，最终于11月20日圆满完成了55面开关柜的改造工程，设备更是"零缺陷"投运。

通过坚持不懈地刻苦学习，张东亮熟练掌握了所有开关专业相关技术，发现并解决设备重大缺陷30余项，圆满完成180余项开关专业技改大修项目和保电任务，屡次荣获公司安全生产专项奖励和保电工作先进个人。

创新创效，聚焦企业发展奋力攻坚突破

作为开关专业的带头人，张东亮始终秉承"发现问题就是能力，解决问题就是创新"的工作理念，积极开展创新创效相关活动。

新冠肺炎疫情期间，开关专业的相关线下培训都已取消，但是春季和秋季的检修预试工作仍照常进行。为了满足年轻员工想要精确且快速掌握高压开关结构知识的需求，张东亮提出"沉

浸式 VR 人机交互机制＋虚拟三维电力场景"的创新思路，开展了 QC 活动课题——沉浸式虚拟现实高压开关结构辅助教学系统的研制。新系统的应用，有效提高了检修人员的技术能力和检修水平，缩短了电网停电时间，减少了设备载荷压力，保证了电网的安全可靠运行。此成果于 2021 年 4 月被评为公司优秀 QC 成果一等奖、2021 年 6 月被评为全国 QC 小组成果发表交流活动示范级成果、2021 年 10 月被评为河北省质量管理小组活动特等成果。

张东亮带领班组累计开展群众性创新 10 余项，获得国家专利 5 项，发表论文 20 余篇，发布的 QC 成果均获得公司级及以上荣誉。

率先垂范，搭建群创平台历练过硬队伍

张东亮充分发扬勇挑重担、冲锋在前、雷厉风行、敢打硬仗的顽强作风，铸就了一支"战必胜，行必果"的检修铁军。他主持创建"建功成才"区域集群，为青年员工勾画成才路径、搭建成长平台。

名师出高徒，他的徒弟刘景宇在 2014 年公司变电检修技能比武中荣获个人第一名，同时被评为公司"青年岗位技术能手"；徒弟张好勇在 2017 年公司金属技术监督竞赛中荣获个人第三名，且被评为 2017 年度公司"技术能手"；徒弟王正在 2020 年 8 月国网廊坊供电公司高压开关专业检修技术比武中获得第一名，赛后他说："能取得这么好的成绩，我要由衷地感谢师父（张东亮）在赛前一遍又一遍不厌其烦地指导我的实际操作，使我对咱们开关专业设备的认识有了一个质的提升。"师出同门的这三位员工由于优秀的表现，目前均已调至其他班组担任副班长。他们始终秉承着电网铁军的精神在不同的岗位上不畏挑战、勇往直前。

在张东亮的带领下，2017 年变电检修四班被评为国家电网公司先进班组，且培养出班组长 4 人、专工 3 人、四级中层副职 1 人。

践行宗旨，发扬标兵精神护航电网安全

坚持攻坚克难、担当作为。每次夜间及节假日抢修、零点工程，张东亮都以身作则、到岗到位。他和班组成员圆满完成了"两会"、高考等重大保电任务，成功应对强寒潮、强降雨等恶劣天气，以实际行动保障着廊坊电网的安全稳定运行。

因张东亮在岗位上的突出表现，公司对他委以重任，于 2021 年 9 月调任广阳供电中心担任副主任。他带领广阳供电中心职工积极开展"下村街，入民心——电力设施保护和线路树障清理宣传"工作，深入村街，走访到户，向广大客户耐心讲明电力设施保护及线路树障清理的重要性，用实际行动将电力安全保障工作做牢做实。

荣誉加身，本色不改，初心不忘，无论在什么岗位上，张东亮都以身作则，始终以永不消逝的铁军精神践行着"人民电业为人民"的服务宗旨，砥砺前行。

匠心筑梦勇担当

——记"国家电网公司劳动模范"李达

扎根基层 打磨本领

李达自 2004 年参加工作以来一直扎根于输电运维工作的第一线。在 18 年的工作中，他一直秉承着"业精于勤"的精神，专注于输电线路运维工作，并在工作中努力学习、不断创新。

在担任500千伏输电线路运维班班长期间，李达所在班组负责运维19条500千伏线路，其中高天三回输电线路为国网重要输电通道，天乐双回输电线路和天黎双回输电线路为冀北重要输电通道。在他的带领及全体班组成员的努力工作下，线路设备运行状态优良，为保证首都电力供应和服务冀北地区经济发展作出了贡献。

除了顺利完成班组的各项生产任务，他还积极参与 QC 活动等科技创新工作，不断提高班组创新能力。作为 QC 小组的技术负责人，他积极开展青年创新创效工作，定期组织 QC 小组活动，凝聚班组成员集体的智慧和力量，通过 QC 小组成员集中攻关课题，全体班组成员提意见、找不足的方式，激活班组不断改进和创新的动力，使班组 QC 小组在公司举办的成果发布会上连续三年获得一等奖，也在 2009 年全国电力行业 QC 小组评比中荣获三等奖，并有 3 项产品获得国家专利。

冀北特高压输电的先驱探路者

2016 年年初，李达担任特高压输电运维班班长，面临的第一项重任就是负责验收公司首个特高压线路工程——1000 千伏锡廊双回线路。由于首次接触特高压线路，缺乏验收管理经验，李达多次到其他省公司调研，积极和设计、施工单位沟通，翻阅大量技术资料，并结合冀北地区实际情况，组织编写了《工程验收实施细则》。验收涉及 8 个施工标段、8 家送变电公司和 2 家工程监理单位。面对验收任务紧、施工单位多、各标段施工进度不同、参验人员多和验收线路地形 90% 以上都是高山峻岭等诸多不利因素,他顶住压力、迎难而上。深入验收现场,带领全体验收人员辗转两省七个区县,从内蒙古自治区多伦县一路向南,最终圆满完成了 1000 千伏锡廊双回输电线路的验收工作。在此后的 4 年里,他带领班组全员,顺利完成了 1000 千伏定河双回输电线路、±800 千伏锡泰直流输电线路、±800 千伏鲁固直流输电线路、1000 千伏家定双回输电线路的基建验收工作。在他的带领下,班组累计完成了 2928 基杆塔、1595.775 公里输电线路的验收工作,积累了宝贵的特高压交、直流输电线路验收经验。

除线路验收工作之外,班组还负责已投运线路的运维工作,他组织编写了一系列运维技术资料,为特高压输电线路的运维工作提供了技术支撑。在这期间,他的足迹踏遍了班组所辖的所有特高压输电线路,对线路情况了然于心。他组织人员合理划分巡视区段,确定特殊区域及运维标准,实施线路巡视区域责任制,保证了特高压输电线路的安全运行。至今,在李达的带领下,特高压输电运维班共高质量地完成了 8 条特高压输电线路、5 条超高压输电线路的运行维护工作,圆满地完成了党的十九大、全国两会、中非合作论坛北京峰会、新中国成立七十周年、建党一百周年和北京冬奥会等多次政治保电任务。

疫情当前 勇担重任

2020 年春节前,李达就开始关注全国新冠肺炎疫情的变化,他敏锐地意识到疫情可能会对线路运维造成影响,并于 2020 年 1 月 25 日春节当天,自行前往班组驻地值班。他积极落实公司下发的疫情防控措施的通知,依据当前疫情的特殊情况及班组现有的条件,制定了"可视化监测、人工特巡、无人机巡视"相结合的差异化巡检模式,在保障线路巡视质量的同时,最大程度地降低了班组人员与外部人员的接触。在班组防疫工作方面,他安排专人每天对驻地进行消毒,积极关注班组成员的身体状况。采取了有效的防疫措施:办公室及宿舍每天通风三次,出宿舍进入公共区域佩戴口罩,打饭回宿舍就餐,所有班组成员每天测量并上报体温,关闭健身活动室,禁止一切外来人员、车辆进入驻地等,增强了班组人员疫情防控的自觉性、主动性。

疫情就是命令,防控就是责任。自新冠肺炎疫情发生以来,李达连续三个春节都坚守在抗疫保电的前沿阵地。3 年中他和家人聚少离多,长期奔走在抗疫保电的现场。尽管十分想念自己的家人,但他从未忘记自己是一名共产党员,承担着公司输电线路巡视尖兵的责任。他以自己的实际行动,让党旗高高飘扬在疫情防控的一线。

尽职尽责　干出精彩

——记"国家电网公司劳动模范"张陆军

　　"作为营销战线的老兵，要干一行、爱一行、钻一行，对待工作要尽职尽责，就像对待自己的孩子一样，用真心、耐心、爱心去呵护！"张陆军经常说，在工作中更是说到做到。

　　张陆军二十余年如一日，在自己的工作岗位上兢兢业业、默默耕耘，扎扎实实做好营销专业每一项工作，加班加点是他的工作常态，求真务实是他的工作准则，团结协作是他的工作法宝，积极向上是他的人生态度。他先后荣获"国家电网有限公司营销工作先进个人""公司先进工作者""公司劳动模范"等称号，展现出了爱岗敬业、甘于奉献的新时代电力职工风采。

攻坚克难，供电接收工作圆满完成

　　国企职工家属区"三供一业"供电接收工作是国网秦皇岛供电公司的一项重点工作，其工作难度大、政策性强，张陆军积极思索，勇挑重担，通过施行"一企一策"，有效解决了工作难题。他本着"先易后难、逐个攻破"的原则，在 3 个月内完成了 32 家国企供电移交协议的签订工作，有效化解了河北港口集团有限公司、中铁山桥集团有限公司两家单位家属楼自供区市场流失风险，收回自供区 5 平方公里；他多次深入现场，对接 32 家国企，组织各国有企业、设计单位科学合理制定家属区供电接收改造方案，制定、实施协议签订等工作，多次协调政府、移交企业解决供电接收改造工程的受阻项目，圆满完成 32 家国企、4.14 万户的国企职工家属区供电接收改造工作任务，极大地提升了小区的供电能力和可靠性，赢得了秦皇岛市政府的赞誉。

政企联动，电力营商环境持续优化

　　优化电力营商环境是国网秦皇岛供电公司当前的一项重点工作，他牵头组织，积极落实公司优化营商环境各项工作要求，对外协调市政府有关部门，推动加快行政审批速度，将规划许可、绿地占用审批等 5 项简化中低压用户电力接入举措纳入《秦皇岛市双创双服及民心工程专项实施方案》，文件出台后中低压客户外线接入审批由串联审批改革为并联审批，且审批时间压缩至 5 个工作日，提高了客户办电效率。他在国网秦皇岛公司内部推行联合服务办电模式，强化专业协同，提高供电方案编制效率，组建"1+N"（客户经理 + 项目经理等）业扩报装服务团队（该团队由各专业部门指派的人员组成，并被授予权限，以提高工作效率），提供业扩报装前期咨询、方案编制、装表接电等全过程"一条龙"服务。显著提升了秦皇岛地区电力客户"获得电力"服务水平；提前 3 个月完成了宏兴钢铁公司 110 千伏站 3 号变电站（5 万千伏安）、安丰钢铁公司 220 千伏客户变电站（18 万千伏安）的送电工作，得到了秦皇岛市政府和相关企业的高度认可，同时也赢得了客户的良好赞誉。

多措并举，打造阳光业扩服务品牌

他组织各单位推行"互联网 + 阳光办电"服务，对新装、增容、变更业务推行"网上国网"APP 全天候线上办理服务，让系统多跑路，群众少跑腿，办电全过程客户全程参与，线上办电率达到 90%，实现了"复杂办电业务最多跑一次，简单办电业务一次都不跑"。特别是在疫情期间，最大限度地做到了"不见面办电"，切实有效减少了人员聚集，阻断了病毒传播；他组织编制客户办电服务契约，并在各单位推广应用，将各个办电环节、完成时限以契约形式约定，双方互相监督，高压客户办电平均时长压减至 39 天；他主动向办电大客户推介典型工程造价手册，降低客户办电工程费用，在营业场所公开办电程序、服务标准、收费标准，畅通客户评价渠道，听取客户的意见和诉求，积极打造阳光业扩服务品牌。

奋楫扬帆正当时。张陆军用自己的知识和责任心，不断开拓着营销市场，提升国网秦皇岛供电公司的"获得电力"整体服务水平，用实际行动诠释着努力超越、追求卓越的企业精神。

特高压建设的"开路先锋"

——记"国家电网公司劳动模范"张宝华

责任在肩 坚守一线显担当

锡盟—山东 1000 千伏特高压交流输变电工程是公司的第一个特高压工程，是国家"大气污染防治行动计划"12 条重点输电通道之一，也是我国华北地区首个特高压交流输变电项目。这不仅是张宝华负责的第一个项目，更是公司的"头号工程"。在张宝华看来，"特高压建设无小事"。公司承担着整体工程一半的建管任务，现场参建单位多达 27 家，工程规模是 500 千伏工程的 4~6 倍，75% 的线路地处山地和高山大岭地区，跨越 110~500 千伏的线路就有 47 条。

工程刚一开工，张宝华就走遍了每一个施工项目部，踏勘工程无人区、交叉跨越现场、环水保敏感区。在掌握第一手资料后，他组织参建单位集思广益，提出了提高施工机械化程度、促进施工效率提升，暂停冬季混凝土浇筑、冬季集中突击山区基础开挖的施工原则，调整物资及施工计划、结合检修停电实施跨越施工等各项举措。实现了现场搭设索道 394 条，冬季开挖基础 560 基，跨越施工全部安全完成，现场环水保设施一次性通过国家部委的验收等目标，并获得"国家优质工程奖"。

忠诚在心 勇于创新解难题

2015 年 5 月 27 日 11 时 45 分，随着直升机与 64 号铁塔地线支架吊装钢丝绳顺利分离，锡盟—山东 1000 千伏特高压交流输变电工程直升机深化应用试点项目——铁塔吊装圆满完成。

为了确保组塔顺利进行，张宝华从协调直升机进场计划、组塔区段选择、直升机起降场征用改造、物资材料配合改型、方案审定等方面全方位深入其中，与通航公司不断协调，优化细节，在实施期间全勤驻守施工现场。这是国内首次采用直升机成功吊装组塔作业，填补了我国电力组塔技术上的空白。

咬定青山不放松，动力胜于压力。张宝华不断加强内外部协调，创新工作方式方法，最大限度地创造了良好的工程外部环境。2017年8月3日，在临近投产前50天，工程现场遭遇了60年一遇的洪水，张宝华一边组织力量抢险救灾，一边协调地方政府组织沿线村民抢通道路。2017年9月21日，内蒙古扎鲁特—山东青州±800千伏特高压直流输电工程（冀北段）全线具备带电条件，在冀北地区特高压工程的画卷上又添了浓墨重彩的一笔。

使命在身 创先争优冲在前

"有责任、有担当，电网建设前线的一员干将……"提起张宝华，大家都给出了这样的评价。凭借踏实肯干的作风，张宝华一直奔波在电网建设的最前沿。

张北柔直示范工程是涉奥工程，是世界上电压等级最高、输送容量最大、首个具有网络特性的柔直工程，创造了12项世界第一。张宝华说，能够参与到工程建设中，为北京冬奥会出一份力，很光荣。

张宝华和同事们克服外协难度大、有效施工周期短等困难，深化建设管理、项目管理、属地协调、风险作业管控机制，确保了工程安全、质量、进度可控。同时，解决了在湿陷性、冻胀性、高腐蚀性土质情况下的基础施工和防腐难题，组织实施柔直工程最大跨度阀厅网架吊装。他还先后完成了14项110千伏及以上涉奥电网工程建设，以及张北—雄安1000千伏特高压交流输变电工程建设。

没有等来的辉煌，只有拼来的精彩。几年来，张宝华所负责的工程项目先后获得"国家优质工程金奖""国家电网公司优秀设计一等奖""输变电工程流动红旗"。他带领的团队也多次获得国家电网公司"先进班组""工人先锋号"等荣誉称号。

2020年9月，张宝华任国网承德供电公司党委书记、副总经理。他大力弘扬"牢记使命、艰苦创业、绿色发展"的塞罕坝精神，实施"旗帜领航"党建工程，打造塞罕坝生态能源和谐共赢示范区，以党建引领激发企业发展新动能。"以身作则、牢记使命、主动作为，在平凡的岗位上创造不平凡的业绩，以实际行动践行忠诚与担当。"张宝华说。

霜雪凝额眉 星夜路不停

——记"国家电网公司劳动模范"李国武

十年一剑 钻研继电保护的青春交响

李国武是与国网张家口供电公司继电保护专业一起成长起来的一代技术专家，他凭借过硬的技术水平和工作能力，保障了 500 千伏大电网的安全稳定运行，处理电网及设备异常故障五百余起。2008 年，在北京奥运会期间，至北京的供电通道由于恶劣天气导致继电保护相继跳闸，情况异常紧急，当时已经是晚上 8 点多，大雨倾盆，李国武毅然冲进雨幕，在奔赴变电站的路上，积水已经没过膝盖，车辆无法通行，他就蹚水走了两里多路。到达变电站后，他不顾全身湿透，立即埋头分析繁杂的电流、电压波形，不放过任何一个疑点。一个再平常不过的不眠之夜之后，他又一次在椅子上沉沉睡去。

2003 年，为提升丰万顺 500 千伏通道的稳定运行水平和传输功率，增加串联补偿电容系统，他再次肩负重任。由于第一次接触新设备、新原理，他夜以继日的学习研究；引进的国外设备与中国电网"水土不服"，他与外方专家讨论修改；由于非典疫情，国外专家回国，他就自己摸索试验。他的辛勤再一次成就了他在串补保护与控制领域的卓越，他建成了第一个串补保护与控制系统实践基地，主持推动串补保护的"国产化"，研究的 2 项发明专利填补了国内技术空白。

五年坚守 倾心电网发展绘就蓝图

2013 年，公司给他压了更重的担子，那一年他开始用"脚步"丈量张家口电网。发展部主任的压力着实不轻，这五年，电网的规划发展一直追着清洁能源的发展而奔跑，一刻也不能停歇。2015 年，随着张家口区域内清洁能源发展提速，大规模能源送出通道的建设刻不容缓，同年国务院批复"张家口国家级可再生能源示范区"建设，电网作为硬件配套更是如火如荼。两年时间，他研究区域清洁能源发展需求，分析张家口电网的实情，勘察区域电网发展方式和条件，确定电网发展总体规划，精准的规划方案一直持续指导 2020 年、2030 年电网的发展建设，完成了可再生能源示范区建设和"绿色办奥"的阶段性使命。

2016 年、2017 年，配电网的发展又开启了新的思路，一方面优化分布式能源接入，另一方面则是用电侧的优化。他在主动配电网工程研究与应用、微电网技术研究等方面，开创了国网张家口供电公司的先河。

三年冬奥 霜雪额眉星夜兼程

2020 年 2 月，李国武接到了一项重大任务——冬奥会临时供电方案设计。场馆临时供电网如何构建，公司也没有成型的经验。经历十年管理工作的他，又一次站到了技术的最前沿，不舍昼夜地研究学习、进行现场勘查调研，用户侧发电机的自动并列、双电源自动切换原理、不间断电源的运行方案等书籍和资料成了他的"案头常客"。

2021 年冬奥会测试活动期间，他既承担了现场指挥部的运行指挥，又担任云顶场馆的电力经理。2020 年 12 月，在场馆电网建设期间，他不畏雪道上零下 30 多摄氏度的低温、山上特有的"白毛风"，以及两尺多深的积雪，带领同志们每天工作都在 10 个小时以上，他的脚和腿一度被冻僵，生疼，让同事们看的心疼。白天在山上、雪道上工作，晚上还要准备第二天的试验方案，他就是靠着坚强的意志和服务冬奥的信心，一步步挺过来。

在与外国专家的工程谈判中，他按照中国办奥的高可靠要求讲合同条件和技术条件，根据场馆供电原则提出设备供应和运行的标准，按照疫情管控的要求推进外方指定的工程和服务方案，在关键标准和要求上寸步不让，让外方专家真心佩服。在合同谈判的过程中，就低压配电箱的"二遥"配置技术原则确定时，他连续工作 9 个小时，为配合外方工作时间，因时差原因往往需要他和他的团队整晚熬夜工作。为了顺利完成电力保障工作，他把两年筹备冬奥的技术和管理经验进行总结，形成了指导场馆运行工作的 37 项制度、规定和方案，积累了公司电力保障的新经验。

铿锵之花　砥砺绽放

——记"国家电网公司劳动模范"李信

李信，现任国网冀北信通公司数据技术中心主任。从 2011 年博士毕业至今，无论是在专业技术方面还是科技创新方面，她都取得了丰硕的成绩与荣誉。然而在这累累硕果、似锦繁花的背后，却藏着她许多不为人知、辛勤耕耘的身影，在她身上所彰显的敢于挑战、不畏艰辛、引领创新的劳模精神，也深深影响着数据技术中心的同事。

电力新技术的"弄潮儿"

2020 年，国家大力提倡"双碳"政策，国家电网公司也提出了构建新型电力系统的"十四五"规划目标，但是以新能源为主体的新型电力系统建设技术难题多、挑战大。

面对数字技术所带来的电网变革，李信没有退缩，她带领攻关团队积极探究"大云物移智链"等新技术，扎实推进公司智慧物联建设方案研究，在国网率先开展物联试点建设，实现多元物联终端接入物联管理平台，推动输电线路智能监测、智能台区、用户反窃电等业务创新应用，形成了 2020 年新兴产业最佳实践案例并获得国网的认可。

物联网的构建让电力系统的广泛互联互通成为可能，为进一步实现电网智能友好可信，她精准聚焦人工智能和区块链技术，积极推动省级人工智能"两库一平台"和省级区块从链平台部署，充分利用其算力推理和可信互通的能力，支撑电力运检、能源计量和营销结算等业务场景智能共享应用，加快了公司数字化转型的步伐。

在追求专业技术的道路上，李信不断超越自我，突破限制，用自己辛勤的汗水浇灌出一朵朵竞相开放的新技术之花，用自己不畏冒险的精神搏击于新科技浪潮之中。

冬奥圣火的"守卫军"

冬奥圣火不仅点燃了奥林匹克梦想，也点燃了李信做好供电保障的工作热情。

早在冬奥供电保障的前期筹备阶段，李信作为项目的主要负责人，带领团队把握机遇、攻坚克难，依托公司云和数据中台，构建了冬奥供电保障指挥平台。从 2019 年平台建设起步，到 2020 年平台正式上线，再到 2021 年引入数字孪生、图像智能识别、知识图谱等新技术，冬奥供电保障指挥平台完成了六大核心功能开发和六大主题场景构建，贯通了 15 套系统数据，可实现对冬奥场馆、保电设备以及线路等多种场景的全时监控，确保了供电保障的万无一失。

2022 年初，冬季的寒冷还在蔓延，而冬奥和冬残奥的供电保障工作伴随着激烈的赛事也如火如荼地进行着。李信作为指挥保障组成员，在每天正式比赛前 2 小时就已在岗就位，带领数据中心保障团队时刻密切关注着各系统的运行状态，不停与各指挥部沟通确认系统应用情况，与后台运维支撑团队反复确认系统运行指标数据，严守着冬奥保障的重要防线，一刻也没有松懈。直到晚上 11 点，在确认当日系统试用报告、各项运行指标分析整理完毕后，她才匆匆踏上那条夜色中回家的路。

没有轰轰烈烈的事迹，只有平平淡淡的坚守。自进入保障阶段以来，李信组织开展统一视频、i 国网、内外网门户、冬奥供电保障指挥平台等各类信息系统巡检工作 300 余次。其中，统一视频平台支撑冬奥、冬残奥期间保障视频调阅 15 万余次，国网支撑召开音视频保障会议 662 次，圆满完成了此次冬奥和冬残奥会的保障任务。

科技创新的领路人

李信深知创新对电力信息行业发展的重要性，作为公司劳模创新工作室负责人，她坚持"创新引领、科技攻关、需求导向、全面支撑"理念，依托"1+5"信通创新联盟，倡导全员创新；她紧密结合国家电网公司新业务新形势新要求，积极推进信息通信新技术研究，全面支撑公司数字化转型及新型电力系统建设。在她的带领下，截至目前，创新工作室共研发创新成果 375 项，成果推广 105 项，专利授权 183 项，专利申请 197 项，论文 234 篇；荣获省部级奖项 40 项，国家电网青创赛金奖 3 项，公司级奖项 61 项。

授之以鱼，不如授之以渔。李信非常注重新员工创新意识的培养工作，她充分依托公司"双导师带徒"机制，通过"传帮带"方式，将自身的技术知识、创新技巧、职业道德和工作作风传授给徒弟。同时，她还非常重视以实践带动创新，着手打造"培训＋项目＋竞赛实践"体系，不断丰富徒弟培训实练内容，组织徒弟参加各类科技项目（如群众性创新项目、国家电网科技项目等），让徒弟全面掌握科技创新方法，充分探索和研发前沿科技领域技术，在实践中全面激发创新活力。师徒齐手并进、共勤共勉，于 2022 年荣获北京市总工会"名师带徒"荣誉称号。

一路栉风沐雨，一路砥砺前进。突破了技术上的传统限制，抗住了工作中的重重压力，引领了创新意识蓬勃进发，李信用她 11 年不变的笃定践行，不负青春，在国家电网公司这片鼓励人才、发展人才、重视人才的沃土上铿锵绽放！

营销无小事

——记"国家电网公司劳动模范"杜维柱

坚守优质服务宗旨

"燕郊高新技术产业开发区所辖信息电子、新能源、新材料、先进装备制造为主的高新技术产业众多，用电需求很大，杜主任亲自把服务送上门，结合实际情况，现场研究对策、解决难题，真是开发区发展的及时雨啊！"2016 年 10 月，杜维柱第 5 次来到廊坊市，调研了解客户用电需求时，燕郊高新技术产业开发区管委会负责人这样称赞道。

杜维柱常说："电力营销工作就是站在服务客户的第一线，为客户提供优质便捷的服务是我们义不容辞的责任。"他不断丰富服务内涵，创新服务举措，取得了优秀的业绩并赢得了客户的高度赞誉。

在服务中，杜维柱全面加强内部专业协同，坚持"内转外不转"，进一步提高办电效率，促进业扩工作提质增效。其间，他制定了提升业扩报装服务水平 10 项举措，排查治理各类问题 510 项，积极主动协调有关部门解决业扩受限项目 18 个，推进业扩首问负责制、"一证受理"、一次性告知、一站式服务，实施流程串改并，缩减业扩环节 7 个，业扩工程平均接电时间同比缩短 11.4 天。他统筹推进，确保了津保铁路、张唐铁路等一大批国家重点项目按时送电，有效促进了公司增供扩销。他带领营销系统的干部职工，凝心聚力、攻坚克难，累计完成 10 千伏及以上项目接电 25397 个，容量达 1986.93 万千伏安，业扩服务时限达标率 100%。

提升企业效益是营销工作的中心

说起电能替代，杜维柱如数家珍："2016 年，我们创新推广 96 台电磁加热炉在塑料橡胶行业应用，推动碳晶电采暖在学校等 300 余用户中规模化应用，实施农村山区 193 所中小学校'热餐工程'……"数据张口就来的背后，是他三年来多方调研、走访的辛勤付出，也是他多次主动登门、精心替客户"算账"换来的结果，更是他推行"两横一纵"协同工作机制的真实写照。

从 2014 年担任公司营销部主任的那天起，困难无时不让杜维柱感到"压力山大"。经过多方调研、几番思索，他把目光投向了电能替代领域。在他的精心组织领导下，电能替代工作按照"摸清底数、选好技术、科学规划、争取政策、全力推进"的思路，以"成熟领域全覆盖、新兴领域大力推、创新领域抓试点"的方式，在各领域得到大力推广应用，成效显著，实现了替代电量连续三年增长。其中，2015 年实现电能替代电量 62.36 亿千瓦时，拉动售电量增长 4.62 个百分点；2016 年实现电能替代电量 60.77 亿千瓦时，拉动售电量增长 4.90 个百分点。由杜维柱牵头编写的《精准对焦协同发力 促进电能替代工作可持续发展》报告成功入选国家电网公司同业对标典型经验库。

受京津冀地区加快过剩产能治理，高耗能行业大规模停产破产等不利因素影响，电费回收形势严峻。"必须坚持年底电费回收'双结零'！"杜维柱坚定地说。为了做好电费回收工作，他多次走访重要客户，充分发扬千言万语、千辛万苦、千方百计的"三千精神"，积极沟通协调，有效化解了开滦煤矿等重点用户的电费回收难题。他建立了电费回收监控和进度评比机制，每周统计电费资金回收到账情况和重点欠费客户电费回收进度，每月 20 日监督考核各地市、所、站电费回收进度，并约谈和考核连续 3 个月电费回收指标进度落后单位，确保了企业经营成果"颗粒归仓"。

供电所管理是营销工作的基础

"以国网怀来县供电公司为例，供电所优化设置后，综合线损率完成 7.32%，同比下降 0.19 个百分点；客户投诉工单同比减少 33.3 个百分点；供电可靠率完成 99.8499%，同比提高 0.12 个百分点；报装接电容量同比提高 26.1 个百分点……"杜维柱用这样一组数据证明了供电所优化设置后的成效。

2015 年，杜维柱综合考虑冀北地区乡镇经济发展、交通地理条件、配网结构布局、用电客户数量、供电服务半径等因素，从机构设置、设施配备等 9 个方面对供电所进行了优化整合。供电所数量由 615 所精简优化为 390 所，优化率 36.59%。

供电所优化设置只是杜维柱强化供电管理的第一步。他聚焦"基层、基础、基本功"管理，加大力度解决供电所软硬件薄弱问题，编制了《供电所建设三年规划》，高标准完成星级供电所验收工作，命名四星所 51 个、三星所 235 个，5 个供电所被评为"国家电网公司五星级供电所"。杜维柱用心用智，强化供电所管理，创新走出了一条城乡融合之路，夯实了公司营销工作基础。

"干一行、爱一行、钻一行、精一行。"凭着强烈的责任心和事业心，杜维柱 27 年如一日，不忘初心、砥砺前行，并将继续在工作岗位上积极发挥自己的光和热。

网络安全的"守门人"

——记"国家电网公司劳动模范"来骥

发挥优势勇于担当

"专业、高效"是来骥留给身边同事的印象，他严于律己，刻苦钻研专业技术知识；他善于思考，努力提升生产管理效率；他勇于拼搏，高效完成多项重点工作，以热血青春肩负起公司使命。工作 10 年，他在生产一线稳扎稳打，一步一个脚印，先后负责、参与公司互联网出口的统一归集、网络安全防护体系拆分重建，梳理公司信息系统运维标准，完成多个重点信息系统的推进、上线。

把"运行"做到极致

2016 年，他牵头组织公司新办公楼信息机房建设与系统搬迁工作。他敢挑重担，精细把控了 3 个信息机房的施工质量，并在短时间内不分昼夜地完成了 980 台服务器、210 台网络设备的搬迁、调试工作，确保了公司信息系统的稳定运行，提升了网络的承载能力；牵头完成数据库特大漏洞隐患排查整改工作，带领技术人员连续奋战 72 小时，顺利完成 59 个实例的消缺工作，从根本上控制住了 headroom 值的下降趋势，被国网公司点名表扬，同时公司作为隐患整治优秀单位向其他网省公司分享典型经验。

努力拼搏取得成果

事后解决，不如事先预防。来骥作为国网冀北信通公司信息安全的技术负责人，牵头组织公司信息安全实验室建设，带领信息安全技术和保障团队，开展前沿信息安全技术研究、验证和实用化工作，大力推进红蓝队伍建设，顺利完成各类重大活动期间的信息安全保障工作。2017 年，成功组织承办国网网络安全攻防北区赛，公司获北区团体第二名，并在决赛中获得优胜奖，取得历史性突破。在国网范围内，建设了首批网络安全分析室，建立和完善了网络安全实时指挥体系。

守好这道"门"!

2017年5月12日,正值"一带一路"高峰论坛保障期间,"蠕虫勒索病毒"在国内外大规模爆发,多所高校、企事业单位遭到病毒袭击。100多个国家和地区超过10万台电脑遭到了勒索病毒攻击、感染,造成了巨大损失。事件发生后,来骥连夜召集网络安全分析室成员商讨防御对策,立即开展应急处置,连续三天三夜完成公司所有电脑补丁安装工作,及时封堵高危端口阻断病毒传播,保障了用户的数据安全和公司信息系统的稳定运行。

2018年7月16—27日,2021年4月8—22日,冀北电力公司两次代表国家电网公司作为目标单位参与国家级网络安全专项演习。来骥作为公司网络安全分析室技术负责人,迅速组织各地市公司、直属单位网络安全人员,争分夺秒,全力完善组织措施、技术措施、管理措施,在有限的时间内连续奋战,加班加点扎实推进各项任务,确保了冀北内外网网络、设备和数据的安全可靠,高质量、圆满完成了演习任务,经公安部演习指挥部评价,公司在参与演习的防守方中排名第一,圆满达成演习任务目标。

"我是冀北的一块砖,哪里需要哪里搬"

在完成一线生产和管理工作之余,来骥曾在2014—2021年担任国网冀北信通公司团组织负责人,积极组织团员、青年员工开展各类活动,用自己的激情活力感染着公司其他青年员工。"身边人身边事"学习雷锋系列活动、冀阳志愿者服务小队、"激扬信通"英语角等活动的成功创办不仅拓宽了员工的专业视野,提高了公司互助交流学习的热情,同时对外打造出"活力信通"的名片。这些活动在丰富青年团员业余生活的同时提升了公司青年员工的凝聚力,激发出团员、青年的正能量。

经过10年的磨炼,来骥从当初笃学善思的学子到现在可以独当一面的技术带头人,团队的共同成长既是对他努力付出的肯定,也是鞭策他更加优秀的动力。他用自己的热血与智慧支撑了公司信息系统的安全稳定运行。如今,越来越多的年轻员工加入到国网冀北信通公司,来骥作为年轻的电网信通人,凭借精湛的专业素养和敢打硬仗的拼搏精神,成为新一代信通人学习的榜样,让他们意识到肩上的职责、心中的使命。"既然选择,就必然坚守;既然选择,就无怨无悔。"未来的路上还会遇到更大的挑战,但来骥始终不忘报效祖国、建设国网的初心,也一直在用自己的青春与汗水践行着当初的誓言。

做电力发展最坚实的奠基石

——记"国家电网公司劳动模范"林晋

编制规划赋能本地发展

俯瞰河北省怀来县大黄庄镇，厂房、民居的屋顶上，一排排光伏板在阳光下熠熠生辉。"屋顶上面种太阳"的分布式光伏发电，不仅实现了村民用电的"自发自用"，还能"余电上网"，实现了电力就地消纳，既有助于实现"碳达峰、碳中和"，又为乡村振兴赋能助力。而这个项目的规划，正是时任国网张家口供电公司副总经理、党委委员林晋参与完成的。

紧紧围绕"首都两区"建设和国家可再生能源示范区建设等机遇，林晋将可再生能源发展与乡村振兴紧密结合，为全市屋顶分布式光伏试点项目作全面规划设计。通过对全市4173 个村庄实地踏勘，在符合建设条件的 166 个村中，积极推进万全区、桥西区、怀来县试点建设，联合政府部门及开发企业，确定开发规模及实施方案。同时，他积极探索新形势下县域光伏开发的新模式与应用场景，简化光伏项目备案和并网流程，为其他地市推广建设分布式光伏提供可借鉴的经验。

大数据产业是全市高质量发展的主导产业之一。他参与完成新怀来变电站主变增容等项目可研 7 项，克服大数据中心与电网工程建设项目周期不同步等困难，探索制定临时过渡方案，高标准保障大数据中心供电。同时，他积极加强与政府、大数据中心沟通协调，构建了将负荷作为回购先决条件，政府垫资的建设模式，开创了电网投资先河，为公司提高了投资效益。

同时，他深入沟通各级政府部门，使得太锡铁路外部供电等 13 项工程取得核准。通过现场勘察、走访收资、召开协调会等方式完成项目预可研，147 项工程纳入政府国土空间规划。

攻坚克难全力保障冬奥

"冬奥工程，是世界级的工程。这些年为了保障冬奥，我们翻山越岭为电站选址，开山凿路铺设电缆，可以说崇礼的山山水水，沟沟壑壑，每一条小路，都见证了我们的付出。"

为全力保障冬奥供电，国网张家口供电公司负责建设管理的 2022 年冬奥会电网配套工程共计 14 项，其中 220 千伏变电站 2 座，110 千伏变电站 5 座，各种线路 28 条，总长度640.778 公里。

2017 年 8 月开始，林晋带领团队以"一刻也不能停，一步也不能错，一天也误不起"的紧迫感和责任感，与时间赛跑，和疫情斗争，倒排工期，挂图作战。

崇礼山势险峻，地貌复杂多变，交通、基础设施条件差，施工难度很大。古杨树变电站的选址从夏天到冬天，方案几易其稿，最终确定方案时已是初冬。等到实地勘测时，正赶上下大雪，车上不去，林晋就带领着团队深一脚浅一脚的步行。冬天的深山，气温达到零下20 多摄氏度，再厚的衣服，一阵风就打透了。考察回来后，林晋整个人冻得连话都说不出来。

为了保护太子城遗址，张家口冬奥村选址需要整体向东移 200 米。太子城变电站一方面要保证百分百供电安全，另一方面又要实现自然人文的和谐统一。林晋要协调技术、设计、现场施工的多方面问题，几乎每个星期都要往返崇礼好几趟，做梦都是工地上的事。与此同时，他还承担着张北柔直、特高压工程的属地协调任务。

2020 年 4 月，历时三年多，他负责的冬奥工程全部完工，为张家口冬奥赛区场馆用电以及京张高铁提供了坚强的电力保障。

从"三千精神"到百分百努力

"千方百计、千言万语、千辛万苦"——这是电网基建人为林晋总结的"三千精神"。

电网建设过程繁杂，涉及的面很广，林晋需要千方百计解决现场问题、千言万语协调各方关系、千辛万苦处理突发事件。这些年，他是家里团圆饭最常缺席的人，几乎住在了施工现场。他的爱人常说，"家里电灯开关在哪林晋可能不知道，但施工现场大到线路走向、环网情况，小到杆塔分布、所处地形，他都了然于心。"

后冬奥时期，张家口迎来了发展的黄金时期，电网建设的步伐也与时俱进。为牢牢守住基建现场安全底线，林晋不断创新工作方法，将设备安装视频管控、质量验收统一表式、设备材料检测 3 项质量重点管理工作紧密结合、协同推进，深化工程质量管理，实现达标投产率 100%。

林晋说："冰冷的电网基建是艰辛而寂寞的，可它却连接着温暖的万家灯火，如火如荼的机器运转，风光无限的新能源发展，这是一个国家兴旺发达的保障，我愿意用百分百地付出，做这份保障的奠基石，永葆初心与忠诚，建功新的时代。"

勇于担当展作为 敢为人先创佳绩

——记"国家电网公司劳动模范"周维丽

"踏实做人、勤勉做事、勇于担当、争创佳绩"是周维丽多年来一直坚守的信条。特别是作为一名女性领导干部，凭着其独有的睿智、魅力与艺术，她带领广大干部员工在推动公司科学健康发展的进程中凝心、集智、聚力。

顾大局，履职尽责主动作为

作为企业管理者，周维丽注重实干兴企，攻坚克难，始终牢牢把握"服务与发展"这一主题，主动担当起推进企业发展、服务社会百姓的重任。

2014—2017 年，作为国网廊坊供电公司党委书记，她始终坚持站位全局、务实创新，认真贯彻落实上级领导的各项决策部署，结合公司发展实际，按照"新形势、新目标，抓创新、抓落实，出业绩、出亮点"的总体思路，带头讲原则、顾大局、干事业，进一步构建起目标同向、责任共担、和谐高效的责任体系。

在她的带领下，国网廊坊供电公司先后完成了电力一体化改革、特高压工程建设等 12 项重大发展课题的调研、方案论证和组织推进工作，内质外形建设成效显著。

敢担当，沉下心来干事创业

她始终以强烈的责任感和使命感干事创业，坚持在打基础、谋长远、强动力上下功夫。为全面提升党群工作整体性、引领性、通用性和实用性，她坚持立足"三基"（基层、基础、基本功）接地气、突出"三建"（建标准、建规范、建流程）上轨道、强化"三提"（提效率、提品质、提效益）求质效，创新党群工作联动化、项目化、对标化的"三化"模式，扎实开展"党建带团建、共产党员服务队、廉洁从业、建功建家、创新工作室"5 个方面的示范点建设工作，形成了党建带团建"四带五同三建设"等 17 项制度成果，有效将标准化管理、规范化保障、流程化运作的精益理念传递和融入到发展的各条战线、各个层级。

她注重人才培养,创新实施党员"双育工程"(党性教育、能力培育)和"双目标"管理(党内目标、岗位目标),推行"一带一"结对帮扶、"课题式"培训、"员工成长攻略"、人才"智力库"等工作模式,有力保障了公司人才队伍的梯次传承和升级发展。

重实干,同心同向汇聚合力

周维丽坚持以共同的事业、责任以及对企业厚重的情感凝聚思想共识、汇聚发展力量。她创新推行"五微三争"(作风建设"微视角"、道德建设"微讲堂"、勤俭节约"微论坛"、文化生活"微平台"、光明使者"微形象";争夺先锋团队金杯、争创精品岗位金牌、争做文明善举金星)精神文明创建和"我示范、我践行、我示范"主题实践活动,正确引领广大干部员工把自身价值实现放置到企业长远发展的大环境中去考量和把握,营造出履职尽责、晋位争先的强大合力。

她坚持把发展成果惠及到基层一线和每名员工,推行"职工关爱行动、职工健康工程、职工文化生活活跃"行动,开展"察实情、解难题、促发展"专项行动,帮助基层一线解决各类实际问题 40 余项,有力形成了问题在一线解决、感情在一线融洽、力量在一线汇聚的发展局面。

组织开展的"'131'社区熟人志愿服务活动""爱心妈妈"等公益品牌活动,扎实解决了优质服务"最后一公里"问题,得到了各级领导和广大群众的高度赞誉,营造了公司良好社会形象。

争一流,奋进争先勇创佳绩

周维丽始终坚持"干在实处、走在前列"的思想和行动自觉,主动作为、率先垂范,在推动公司发展的生动实践中,她不仅唱出了调子,更是作出了样子、迈出了步子,引领公司在创新中发展,在发展中前行,使公司有了更为稳健的发展步伐和更为强劲的发展动力。

在她的带领下,国网廊坊供电公司先后荣获"全国文明单位""全国模范职工之家""全国电力行业用户满意企业""全国安康杯竞赛优胜单位""国家电网公司先进集体""国家电网公司文明单位"等荣誉称号,涌现出了"全国五一劳动奖章""国家电网公司为民务实清廉先进典型岗位模范"白庆永,"中国好人"杜维刚、于留庄,"国家电网公司劳动模范"张希成、赵志远,"河北省能工巧匠"王玉涛、李华等一大批不同层面的先进典型。

输电"硬"汉

——记"国家电网公司劳动模范"赵志远

结实的身板儿，黝黑的皮肤，粗线条的五官，外带沙哑的嗓音和毫不健谈的性格，浑身上下都透着股一线的"范儿"，他就是"国家电网公司劳动模范"赵志远，也是一位硬汉。

骨头硬

提起赵志远，就连输电工区退休的老职工都清楚地记得他是唯一一个主动申请从其他单位调入输电部门工作的职工。谁都知道干输电苦，赵志远也知道，可他却来了。"上学时学的这个，干输电最能发挥我的能量。"这就是他简单的理由。

1995 年，赵志远成为了输电工区带电班的一名检修工。虽然毕业于高压输电工程专业，但到了一线还是让他有些发傻。"两根杆、三条线"，这里面的门道儿远比他想象中复杂得多。看着老师父们在几十米高的杆塔上带电作业时紧张惊险的场面，真的让他望而生畏。然而，不服输的特性让他开始了攻克高压带电作业技术的艰难跋涉。从理论知识的门外汉到各种数据和规程烂熟于心，从实际操作的打下手到二号位、一号位的主要工位，他仅仅用了三个月的时间。人们只看到他在杆塔上熟练地做着紧、拉、支、吊的各种动作，没人知道他练习时被飞车碾过多少次大腿根儿，俯身操作时全身的肌肉被塔材硌得生疼。为了熟练地进行带电作业，他一次次经历了夏天穿屏蔽服作业时的酷热，忍受了进入电场时的针刺感和切割电场时的电风拂面、蛛网感。渐渐地，他成了带电作业的岗位能手，技术比武的骨干力量，急难险重任务的排头兵。

作风硬

2005 年，赵志远走上了运行主管岗位，负责设备运行状况分析、评价，安排检修、技改大修等工作任务。十年的一线打磨，让他形成了雷厉风行、严细求实的工作作风。2006 年，标准化工作开始了，当时为了完善输电设备台账，他一出去就是一天，逐线逐塔地核对。虽然人黑瘦了不少，可是 200 多条线路、7000 多基杆塔的健康状况却都装在了他心里。他常说，输电设备就像是自己的孩子，老想多看一眼。

虽然干上了管理岗，可他从不脱离一线。凡遇异常情况，只要条件允许，他必到现场，常常是亲自上塔一看究竟。有一年，正值夏季大负荷，110 千伏龙刘线发现接头过热，为避免影响居民傍晚正常用电，他决定采取带电作业消除缺陷。第一个上去的年轻职工经验不足，虽然一直在处理，但接头的温度始终降不下来。时间不等人，赵志远决定自己上去看看。随着他利用带电紧固螺栓工具，一扣一扣地把接头螺栓拧紧，红外测温仪里的数字也逐渐下降，直至回归正常值。

成果硬

2012 年，由赵志远担任负责人的"星火职工创新工作室"，被河北省总工会、河北省职工技协、河北省科学技术厅联合授予"河北省职工创新工作室"称号，在公司开了先河。

省级荣誉的降临并非偶然，从赵志远担任带电班班长时就已经开始了创新工作。赵志远团队的发明创造全是从实际出发，用来解决生产中的管理和技术难题。截至 2022 年，他先后组织完成 105 项科技创新、管理创新成果，有 32 项科技成果获得地市公司和公司级科技成果奖，取得国家专利 11 项。

"我们那时候干完活就都跑了，谁还想发明创新的事啊！是赵师父爱琢磨，先是改进了一个带电测零值工具，真的很好用，能提高将近 50% 的工作效率，我们的劳动强度降了不少。"尝过甜头的陈希斌说。

赵志远还带过多个徒弟，他把专业知识、技术、经验全都倾囊相赠。徒弟们也都先后走上了班组技术员等关键岗位。

交情硬

赵志远虽然不健谈，但说出的话会让人心里暖暖的。他心里装的不光是设备，还有他的一帮弟兄。树障清理工作一直是输电线路安全运行的一个难点，经常会遇到村民的阻止，甚至强行扣留。在一次清理中，附近的一个村民拿着板儿砖就要打正在砍树作业的职工。赵志远眼疾手快，连忙制止村民，并告诉他"我让他们砍的，您要打打我吧！"大家都觉得赵大哥够份儿。

班里有人病了、有人出差了，都会接到赵志远的问候电话，多是问家里有什么活儿没有。要是出差时间长，他真的会去家里看看，看有没有可以帮忙干的。

有人在恶劣天气出去特巡了，他也会打电话或发短信嘱咐几句："多穿点，带伞，别在树底下溜达。刮大风站在迎风侧，顺风侧危险……"虽然同事会笑他婆婆妈妈，但大家心里都感受到了那份温暖。

三十五载精心调控 甘做电网守护者

——记"国家电网公司劳动模范"施贵荣

心系电网 精心调控

成绩背后，饱含奋斗。施贵荣从一名普通的山西省电力中心调度所调度员到华北电力总调度中心调度值长，直至走上国网冀北电力有限公司电力调度控制中心主任的岗位，35 年间，他为电网安全稳定运行付出了自己的心血，作出了突出的贡献。

1996 年，还是华北电力总调度中心调度值长的他运筹帷幄，调兵遣将，以叱咤战场的将军风采成功处理了全国第一起 500 千伏稳定破坏事故——沙岭子电厂在保护试验时交流串入直流系统，保障了华北电网的安全稳定运行。施贵荣常说，调控中心就如决胜千里之外的将军，指挥着上百座变电站运转，不能有丝毫差池，必须要全身心投入到工作中。

"作为调度战线上的一名老兵，电网调控运行工作已经融入我的生命。如果再选择一次，我还是会选调度，把光明带给每一个人。"平时总是笑呵呵的施贵荣，一脸坚毅地说道。

当他踏上电网调度的岗位，就感受到了这份工作的分量。如今，他要负责整个冀北电网的安全稳定运行，肩上的担子更重了。作为国家电网公司最年轻的省级调控中心，用什么来确保电网安全？他的回答简洁干脆，掷地有声："责任心！"

正是因为有这份责任心，施贵荣一直用"保证安全，不能出事"这八个字作为自我警醒的标准。

面对电网快速发展、新能源高占比并网运行、自然灾害和设备异常等诸多压力和挑战。他坚持超前分析控制和风险管理理念，精细化管控电网运行方式，开展网源荷分层协调控制，科学安排停电检修计划，细化安全校核；针对公司运维的 6 座 500 千伏枢纽变电站以及西电东送、北电南送大通道，他组织开展 400 余种电网运行方式分析、十余万种故障形态安全校核。他对各类调度指令、停电方案和报表数据，都反复审查，做到精益求精，时常忙碌到深夜。尤其是到了重要保电、电网大负荷等特殊时期，他更是直接把家搬到了办公室。

"他像一只高速旋转的陀螺，每天都是忙忙碌碌的。"这是大家对施贵荣的一致评价。

调控中心在他的带领下实现了从公司独立运作时的白手起家到 24 项同业对标指标保持 A 段的华丽蜕变，实现了接手调度实时业务以来冀北电网的安全稳定运行，更是打赢了"全国两会"、APEC 会议、"一带一路"国际高峰论坛、党的十九大保电等一次次重大政治保电胜仗。

用心服务　助推新能源发展

2018 年 12 月 19 日，在公司新能源发布会上，施贵荣向社会展示了一份新能源消纳"成绩单"。在全网新能源装机容量 1728.3 万千瓦、占比高达 56.9% 的背景下，全额保障性收购新能源电量 284.62 亿千瓦时，同比增长 13.1%；新能源弃电率 4.8%，弃电量 14.32 亿千瓦时，同比降低 23.5%。

调控中心在服务新能源发展方面所付出的努力和取得的成绩，堪称"冀北范本"。能取得如此了不起的成绩都源于施贵荣的善于思考和敢于创新。近年来，他主持编写了《可再生能源发电功率预测》IEC 国际标准、《新能源并网服务手册》《集中式光伏扶贫电站优先调度实施细则》等技术文件；深入研究新能源送出通道风、光、火多源互补稳定运行特性，大规模新能源集中馈入弱送端电网电压运行机理，精益化提升 500 千伏张南、沽源、万全等地区新能源送出能力。

为主动适应突飞猛进的新能源发展形势，他紧盯新能源消纳的每一个环节，从功率预测、调度控制到消纳后评估，强化电网调度全过程管理，千方百计缓解弃风弃光矛盾，把新能源送到京津唐电网统一平衡和消纳，让卓越电网点亮蔚蓝京畿。

"提高新能源消纳水平，首先要下好功率预测这招先手棋。"施贵荣针对冀北地区部分新能源场站处于微气候区域，气候差异较大，功率预测难度大的问题，他带领部门人员开展高精度新能源功率预测工作，有效降低功率点预测不确定性和区域预测误差，实现了区域内有功输出能力高精度、高分辨率、短中期时间尺度的监控。"2018 年春节期间，公司全网风电功率预测准确率达到 91.3%。"施贵荣说。

此外，他借助科技手段，突破了一个个制约新能源消纳的瓶颈。2018 年，调控中心首创应用海量数据的新能源消纳多因素全时序图谱量化解析方法，构建新能源多维评价体系，创新应用单机信息接入、开展功率预测帮扶、构建大数据运行分析平台、持续优化风光联合控制策略，实现新能源弃电量、弃电率"双降"目标。

精彩人生中的一座"山"

——记"国家电网公司劳动模范"郭中山

"豪言壮语我不擅长，只是想尽自己一份力，把工作踏踏实实地做好，把宽城县的电力建设好，我就心满意足了。"这是郭中山的工作准则。

在职工眼里，他是一位值得信赖的老大哥；在家人眼里，他是忙得连家都没空回的"稀客"。工作 37 年来，他勤勤恳恳，始终跑在一线，为职工树立起一面旗帜。

电网建设的"先行官"

2018 年，国网宽城县供电公司获批全国首批百个小康用电示范县，时任公司经理郭中山深感责任重大，确定了"高站位规划、高标准实施、高水平通过"的总体思路。

每天天还没亮，郭中山的办公室就已亮起了灯光，他坐在桌前，翻动着厚厚的笔记本，上面记录着宽城小康用电示范县建设情况，还特别用红笔将当天需要协调解决的重点、难点问题标记出来。

"宽城县电网建设方面存在两方面突出问题，一方面城乡电网保障能力不平衡，农村电网配置相对较低，不能满足农业发展需要；另一方面经济开发区、峪耳崖镇等局部区域电网供电能力相对不足，难以满足项目建设长远需求。"郭中山深感责任重大，他常常说："小康用电示范县建设工作只要有一处没做好，我就是辜负了大家的期待，我就对不起宽城百姓。"

对于现场遇到的问题，他立刻记下来："好记性不如烂笔头，我总得自己多看看，心里有数才行。"在施工现场，郭中山跟施工人员一一沟通，把员工反映的情况牢记心里。从工地回来后，郭中山已经是一身泥土，可他还没来得及喝口水，又到了开工程推进会的时间……

如今，小康用电示范县建设的 74 项工程全面顺利展开，全县居民用电情况提前达到小康水平，用电可靠率达到 99.93%。在充足可靠的电力支持下，县域内农家院旅游、大棚种植、农产品再加工等行业蓬勃兴起，实现经济模式多样化发展。

服务客户的贴心人

2018 年 11 月，宽城县冯杖子村支部书记将一面写有"寒冬送温暖、真情暖人心"的锦旗送到郭中山手里。

冯杖子村以前取暖以烧煤为主，一到冬天村中遍地都是煤灰，很多独居的留守老人行动不便，既不卫生也不安全。

郭中山了解到冯杖子村的实际问题后，立刻把这当成重点事项来抓，到实地和老乡面对面沟通，将电取暖的优势和电价优惠政策讲清楚。郭中山说："咱们就是服务企业，不但要真正明白客户的需求，也要让客户明白咱们的政策。"

通过多次现场勘察，积极向上级沟通汇报，2018年9月，冯杖子村煤改电工程正式开工建设。经过20天的紧张施工，冯杖子村的变压器由1台增加到3台，容量由50千伏安增至800千伏安，户均容量由原来的0.32千伏安增加到5.13千伏安。2018年，冯杖子村新增电供暖面积达到8360平方米，代替燃煤约260吨。

勇做职工的好榜样

2019年的除夕夜，郭中山正和家人吃团圆饭，可一个电话，又让他回到工作岗位。年过八旬的老母亲一下子就流出了眼泪："这都多少年了，在单位吃在单位住，过个生日不在家，逢年过节也不在家，我一年到头才能看见他几回。"

"我以前也埋怨过，家里啥事都指望不上他。"郭中山的妻子叹了一口气，"可一想到他在外面也不容易，有时候饭都顾不上吃，真让人心疼，我能做的就是让他没有后顾之忧。"

"要说对爱人、父母、孩子心里肯定有亏欠，家里的事情都交给了他们。不过既然我做了这项工作，就要把工作干好，凡事以身作则，把咱们的电力事业建设好，我比啥都高兴。"提到家人，郭中山有些哽咽，但更多的是对工作的无怨无悔。

舍小家为大家，郭中山把对家人的牵挂和亏欠转化为工作中的动力，在多年工作中，他始终坚持奔走在一线。工程建设中，他和工人一起探讨施工中的困难；供电所里，他和农电工谈怎样搞好优质服务；他关心扶贫，身体力行地把党的十九大精神落到实处，走遍了定点扶贫村……

多年来，每到一处工作，郭中山都以实际行动感染并带动着职工不断拼搏，他说："坐而言不如起而行，在办公室里看的听的再多，也不如真正到田间地头走上一走。看看在客户心中，咱们的电力建设究竟是怎么样的，只有客户都说满意了，咱们的工作才算是搞好了。"

潜移默化中，国网宽城县供电公司的员工焕发出向上的蓬勃朝气，工作中奋勇争先，积极进取，开拓创新；生活中帮助孤寡老人，成立共产党员服务队，真诚服务弱势群体；思想上紧跟党的教导，时刻保持先进性。

郭中山始终以履职奉献的工作精神、孜孜不倦的工作态度和对企业的忠诚热爱，不断为加快建设具有中国特色国际领先的能源互联网企业贡献力量。

用青春谱写电网发展蓝图

——记"国家电网公司劳动模范"袁绍军

电网运行的统筹者

袁绍军参加工作 14 年，有 10 年时间在调度，从继电保护到电网方式和调度运行，从一线员工到中心主要负责人，工作调整，岗位轮换，他一直勤勤恳恳、默默奉献。"保电网安全是我最大的职责和使命。"袁绍军说。2021 年，时任调控中心主任的他接到了多项重大任务，压力前所未有。在他精心组织谋划下，高质量完成了建党百年保电、承德零闪动保电、有序用电保供保电、河南抗洪抢险、冬奥电力保障支撑、220 千伏承建双同停三级电网风险管控、监控业务划转等具有重大历史意义的工作。

"管理创新和技术创新是我始终坚持的工作方法，创新是破解难题的利器。"袁绍军说。由他牵头编制的《冀北分布式电源运行管理规定》《新能源并网调度服务手册》《破解"数""图"难点促进有源配电网调度管理水平全面提升》等文件和管理要求，进一步提升了电网管理水平和运行效率，成为电源和电网管理的重要技术标准和管理指南。他研发的基于优先级负荷矩阵的备自投动态过负荷联切技术，提出基于不同运行方式、不同供电能力、不同负荷优先等级三种情况下的备自投技术和策略，实现实时动态精准联切可中断不重要负荷，从而保障重要负荷不间断供电，大大提高了电网供电可靠性。通过推广应用，承德电网年均供电量2331万千瓦时，实现经济效益为1212.55万元。在生产实践过程中，他创新提出"冬春季防火十项措施"，使员工有了工作思路、方法和手段，切实做到了不因电网引发森林火灾、不因火灾造成输配电线路跳闸的"两不伤害"，创新"保电一张图"的组织管理模式，实现电网运行零闪动。

电网规划的设计者

"电网规划是电网发展和电网核心业务的引领，投身于电网规划，建设更加坚强智能的电网，是我始终如一的追求。"袁绍军说。2020 年，在新冠肺炎疫情突袭的情况下，他依然坚守岗位，分秒必争，精心谋划承德电网"十四五"发展方向，牵头编制《"十四五"承德电网规划工作方案》《承德电网"十四五"发展指导意见》，明确 17 项一般技术原则、5 种中压配电网典型结构，统一规划队伍思想和统一电网发展标准；组织编制"十四五"电网规划，将国网战略目标落地与地方经济社会发展紧密融合，制定"三升一化"的电网高质量发展主线，创新性提出配电网 C32 高可靠性供电的联络结构；他积极推进电网规划与国土空间规划的有效衔接，完成特高压 2 项、500 千伏 88 项、220 千伏 12 项、110 千伏及以下 6192 项的电网项目选址选线工作。

"塞罕坝林场建设者们用青春与奋斗，创造了荒原变林海的'人间奇迹'，铸就了'牢记使命、艰苦创业、绿色发展'的塞罕坝精神。这种精神时时感动着我，激励着我。"袁绍军说。坚持新发展理念，守护好、服务好塞罕坝，传承好塞罕坝精神，一直是摆在电网人面前的重大课题，更是重大政治任务。为完成这项任务，他多次赴塞罕坝及周边地区调研，捋遍了坝上地区 13 条农网线路近 70% 的路径和电杆，访遍了 4 座 35 千伏变电站、19 座新能源场站和 10 余家电力客户，收集整理了 157 个配电台区的全年历史运行数据，与围场县、林场、牧场属地政府和国网围场供电公司召开大大小小 20 余次座谈会，心心念念的是如何让塞罕坝用上更安全可靠、更绿色环保、更科技赋能的电。经过大量的分析、计算和研究，最终以弘扬塞罕坝精神、构建新型电力系统、服务新时代生态文明建设为主线，撰写了塞罕坝能源互联网生态示范和乡村电气化合作社两份调研报告和规划建设方案。2021 年，他主导在塞罕坝区域率先开展调相机关键技术研究应用，积极与风电企业沟通联系，推进华润集团、东润集团、河北建投三家企业在 2022 年年底投产，实现新能源送出能力和电网资源利用水平"双提升"。他积极倡导以生态友好为核心推动电网绿色发展，就地就近新建 220 千伏塞罕坝智慧变电站，改变迂回供电、节约生态走廊，促进新能源就地消纳、提高供电可靠性。他提出创建乡村电气化合作社新模式，服务国家乡村振兴战略，助力解决乡村电气化水平低、农民创业起步融资困难、技术力量薄弱等农村一线问题，打造出一种全新的服务"三农"的能源服务新业态。

责任藏于心 热血抿于怀

——记"国家电网公司劳动模范"高轶鹏

烈日酷暑时有他行走在变电站之间的身影，防汛抢险时有他启泵抽水的身影，事故处理时有他冷静分析的身影……哪里有任务，他就到哪里，哪里有需要，他就在哪里。他既是镇定的指挥员，也是铁打的战斗员。他就是国网秦皇岛供电公司变电运维中心变电运维八班班长高轶鹏。

身先士卒 提质增效

"学习到一线，创新到一线，发现问题、解决问题就是创新。"这是高轶鹏时常挂在嘴边的一句话。他常年扎根操作现场，从枯燥的工作中寻找新鲜感，他带头画图纸、搞研究、开研讨会，针对工作现场遇到的问题，不断创新。

"工欲善其事，必先利其器。"高轶鹏在长期的工作实践中，发现很多工作用不上巧劲。他积极想办法改良工具，亲自动手改造安装不符合安规要求的站用变设备 35 个，电容器及消弧线圈遮拦 12 套，结合预试安装 35 千伏防触电绝缘隔板 9 套，加装电缆沟道自动除湿装置，加装防误操作把手防误罩（盒），解锁电气回路封死等防误一二次保障措施。

工作中他时刻注意把好安全关，研究制作了多项安全、可靠的实用器具，如改造手车托盘，制作瓷瓶除冰器具，研制 10~35 千伏移动地桩、手车挡板，研制室内高空作业移动平台、移动安全用具车，结合现场实际情况制作隔离开关机械连锁装置等。其中，1 项获得国家专利，2 项获评秦皇岛市 QC 优秀质量管理小组，1 项获得国网秦皇岛供电公司职工创新创效二等奖。

鏖战寒暑 力破难题

一个普通而平凡的岗位能折射出一个人的品质和风采，一项工作的凝聚力可以展现出团结协作、拼搏奋进的团队精神。

2012 年暑期，秦皇岛遭遇一场 10 年一遇的大雨，整个道路全是积水，当时的铁庄变电站电缆沟积水严重，高轶鹏带领车间抢险队还未到达铁庄站，积水已经漫过了半个车身，两边停靠的车辆像船一样漂浮在积水中。看到这种情况，他就主动走在队伍的最前面，并要求队员一字排开，带领大家深一步浅一步地在齐腰深的雨水中走到了铁庄变电站，并将备用排水泵下到电缆沟中，顺利将电缆沟中的积水排出。

2019 年 11 月的一天，早晨一起床高轶鹏就感觉浑身酸痛，一量体温发现高烧 38 度，本来想请假的他接到工作群通知，要求全员到港东站准备精细化检查迎检工作，他根本没提发烧的事，二话没说，吃了两片退烧药，打车就直奔港东站，坚持对港东变电站内的排风、照明、"五防"及站内附属设施进行了全面检查和故障处理，一直到晚上 9 点多把所有的缺陷处理完后才回家。工作一天筋疲力尽，吃上退烧药睡上一觉，说来也怪，发烧竟然不治自愈，他开玩笑说："工作是治愈病痛的最佳良药，没活干才浑身难受。"

他就是这样，斗酷暑、战严寒，不分昼夜，哪怕只有一件事没落实，都吃不踏实睡不安稳，用责任和担当守护着电网安全。

驻守一线 以岗为家

高轶鹏长期以岗为家，一心扑在工作上。面对工作上的艰难险阻、环境条件的恶劣变化，始终本着"辛苦我一个，幸福千万家"的无私情怀和奉献精神，毫无畏惧，勇往直前。

2019 年，他完成了 35 座变电站电容器隔离墙的防蹬踏罩的安装工作。部分变电站的电容器隔离墙高度较低，检修人员在检修过程中站立在隔离墙上，既脱离了安全措施的保护范围也极易造成检修人员由高处坠落。高轶鹏通过对现场设备的实际勘察，在电容器隔离墙上加装了防蹬踏罩，顺利完成了公司领导安排的电容器隔离墙隐患清除任务。

他组织编写了《变电站微机防误闭锁装置安装规范》《变电站微机防误闭锁装置验收规范》和《变电站微机防误闭锁装置解锁钥匙箱使用规定》，为变电运行和检修安全提供强有力的技术保障，确保了所辖68座变电站五防设备的安全可靠运行，实现连续14年倒闸操作"零"解锁。

作为一线班组长，高轶鹏在平凡的工作岗位上，勤奋刻苦，兢兢业业，处处发挥劳模的榜样力量，把各项要求融入工作中，自觉地用新战略引导班组成员，激励大家以主人翁姿态开启新征程，引领带动大家为建设具有中国特色国际领先的能源互联网企业而不懈奋斗。

最年轻的特高压"排头兵"

——记"国家电网公司劳动模范"贾聪彬

高起点的建设者

说起参与特高压工程建设，他可以说是渊源已深。2006年，参加工作的第3个年头，24岁的贾聪彬就已经成为特高压工程建设规范标准的起草者，跟随者众多行业专家的脚步，开始了他高起点的特高压之路。

工作期间，他连续参与了多项设备、工艺、规程规范课题的研究与应用，其中3项施工工艺及设备直接应用于国家首条1000千伏特高压交流、国家首条±800千伏特高压直流工程，参与起草的3项国家电网公司技术规范为特高压工程建设奠定了技术基础，其中1项已经上升为行业规范，其成果获得国家电网公司科技进步奖2项，获得发明专利4项、实用新型专利5项，直升机组立特高压铁塔、展放导引绳工艺填补了国内空白。技术创新是件苦差事，多年磨砺下来，他如此总结到："过程中需要不断地推倒重来，既需要意志的坚定，更需要长期的坚持"。

2009年，在为国家首条±800千伏特高压直流工程大截面导线应用进行试验研究过程中，他组织技术团队坚守在偏远的西北戈壁滩试验施工现场。两个月的时间里，他每天早出晚归、夜以继日研究试验数据、完善试验方案，最终提前组织完成了预定的试验内容，获得了全面的实验数据，为国内输电线路首次应用900平方毫米导线创造了先决条件。其中，总结的大截面导线压接工艺已成为国家电网公司技术规范，并为后续6条特高压直流工程建设奠定了技术基础。

最年轻的"排头兵"

2014年7月12日，过境冀北的锡盟—山东1000千伏特高压交流工程核准，后续开工"两交两直"，公司迎来特高压电网建设时代。面对特高压管理经验的欠缺，他带领团队"走出去、引进来"，到有关省公司、施工监理单位学习交流，在领导的指导下，迅速制定出特高压工程建设管理方案，并参与建立了特高压工程建设管理体系。

锡盟—山东交流工程，冀北段工程量约占整体工程的一半，工程时间紧、任务重。面对工程跨越两个冬季、有效施工周期短的突出难题，他组织业内专家深入踏勘现场，制定出公司内控进度计划和阶段重点工作，获得了上级管理部门及施工单位的认可，避免了冬季施工带来的安全质量风险和成本增加。特高压线路交叉跨越多，铁路、公路纵横交织，有关管理部门对特高压工程缺乏了解，跨越施工手续难以办理，他组织技术力量邀请相关部门召开专家论证会，并多次登门解释特高压工程安全标准，经过半年的连续跑办，终于取得了铁路、公路部门的认可，出具了施工许可。锡盟—山东线路跨越 500 千伏西电东送、风电送出等电力线路 12 条次，潜在安全风险高，在全面踏勘现场的基础上，他组织 4 轮次施工方案审查，历时半年逐项敲定跨越方案；在跨越施工期间，他舍弃假期，不间断驻守现场督导协调，确保了施工安全。

"特高压工程无小事"，是他日常工作中常常挂在嘴边的一句话，也正是本着这样的工作原则，他也在特高压工程建设的高效推进中，快速的成长。在与国网总部管理部门交流时得知，他是参建特高压工程省公司里最年轻的特高压处负责人，他却说自己是特高压工程建设队伍中的一名小兵。

最幸运的电网人

自参加工作以来，他先后参与或者服务于 500 千伏岱海—万全、浑源—霸州等"西电东送"工程，1000 千伏晋东南—荆门特高压交流、±800 千伏向家坝—上海特高压直流工程，"三站四线"新能源送出，国家风光储输示范工程等一系列国家重点工程建设，以及大气污染防治行动计划"两交两直"特高压工程，国家张北柔性直流电网实验示范工程、张北—雄安以及冬奥配套等工程建设。获得国家优质工程金奖 2 项，电力行业优质工程奖 2 项。

有人问，"18 年来一直坚守在电网建设一线，有没有感到疲倦？"他这样回答："作为一名电网建设者，能够经历电网电压等级提升、电网网架逐步坚强是十分难得、十分荣幸的。现在，在推进'一体四翼'高质量发展、加快推进新型电力系统建设、统筹推动冀北电网全面升级的新征程上，能够继续参与其中，使命更加光荣又十分幸运。"

不忘初心 勇于担当 做好安全"排头兵"

——记"国家电网公司劳动模范"梁吉

国网系统组建时间最短的省级调控中心负责人

梁吉上任伊始，正值国家电网公司华北分部、冀北电力有限公司分设，彼时的公司电力调控中心，组织机构不健全，岗位配置不完整，人员也没有配到位，他带领着 29 名同志放弃周末休息，夜以继日，攻坚克难，用不到 8 个月的时间完成了调控中心的队伍、制度、调控大厅和技术支持系统建设，开启了冀北电网的实时调度运行管理，创造了"冀北速度"，在 2013 年的国家电网公司年中大运行同业对标严格考核中，取得了第一名的佳绩。

针对调控中心独立运作时间短、人员新、经验不足、各专业均存在缺员的情况，梁吉多次向公司党组汇报，通过竞聘、挂职等方式，满足了调控中心运作的基本需要。针对新补充的调控人员对电网缺少深入整体认识、防误操作压力大等问题，他亲自安排人员培训，建立健全常态化培训机制，搭建学习平台，员工素质水平得到迅速提升。

"安全无小事"，他常挂在嘴边

在担任国网张家口供电公司总经理期间，梁吉把安全管理的重心放在基层，放在人员和人才的培养上。"安全生产，供电所、班组是基础，人才是关键。"他推进学历、技能、职称提升工程，开展小型、专业、现场、特色培训，组织轮岗锻炼，人才当量密度由 0.9059 提高到 1.1597，输电带电作业比武获得国家电网公司团体第二名。他还通过深入调研，制定了乡镇供电所优化设置的方案。本着便于管理、精简高效的原则，充分考虑各县公司人员、车辆、硬件设施等基础条件，对地理、交通情况较好的相邻 2 ~ 4 个供电所进行撤并，缩减比例约 50%，解决了结构性缺员严重、员工年龄老化、技能水平偏低、办公用房简陋、生产服务车辆短缺等问题，基层供电所工作效率和供电服务满意度得到全面提升。

张家口作为国家重要的新能源基地和 2022 年冬奥会承办城市之一，新能源储量丰富、发展迅猛。梁吉抓住机遇，全力推动特高压建设，促成市委书记、市长联名向全国两会提交关于加快特高压电网建设的建议。他积极履行属地职责，举全公司之力，集各方面资源，妥善解决重重困难，保障了"三站四线"工程全面建成、配套工程提前 4 个月投入运行，地区风电消纳能力提高 155 万千瓦。同时，他还组织编制张家口"十三五"配电网规划和冬奥会电力专项规划，在公司率先实现 10 千伏城市配网调控全覆盖，国网张家口供电公司荣获了河北省奥申委授予的"成功申办冬奥会突出贡献奖"。

"创新是提升效率的灵魂。"他都把理念创新、技术创新当做大事、要事来抓。他组织员工们认真研究公司安全面临的形势和电网运行特点，在深入贯彻落实国家电网公司强化本质安全 10 类 30 项工作基础上，组织制定了公司 100 项本质安全措施细则，做到了公司本质安全建设的落地和发展。

应急管理是电网的最后一道防线，要常抓不懈

在梁吉的推动下，公司首次举办了四家省公司协同的"京津冀"区域联动演练。为实现检验预案、锻炼队伍、提高应急能力的演练目的，他深入现场，设置了"联动协调一体化、应急管理规范化、调度指挥时景化、培训演练实战化、后勤保障精益化"的演练科目，既把握了风险预警、应急响应、电网恢复的主脉络，又生动展现了专业化抢修、精益化管理、标准化作业的细节，进一步协调完善了京津冀联动应急救援机制，被作为跨公司应急联动和区域协作的良好范例在全国网系统内观摩，受到了国家电网公司的高度认可。

特别是在党的十九大保电期间，作为公司保电办公室主任，在公司党委的正确领导下，梁吉牵头组织编制了"1+10"保电方案，参与制定了"专业巡视、群众看护、定点守护、驻地监测"的一体化作战和"总指挥部 + 七大防区"的立体化管控模式，实现了看护全天候、巡视全过程，构筑了横到边、纵到底、全覆盖、无死角的保电工作布局。会议召开前，他白天查措施，晚上审报告，连续 27 天持续奋战，夜以继日地工作，在全体保电人员的共同努力下，公司成功应对"保电时间长、运维任务重、局部严寒天气、反恐防暴、应急处置"五大严峻考验，圆满完成了党的十九大保电任务，获得"国家电网公司党的十九大保电特殊贡献集体"荣誉称号。

电网建设的"能力者"

——记"国家电网公司劳动模范"康健民

　　康健民是电网建设当之无愧的"能力者"。自国网冀北电力有限公司独立运作以来，他率领基建战线员工先后投产 500 千伏输变电工程 20 项、特高压工程 2 项，获得国家电网公司基建管理标杆单位、"四交"特高压工程先进单位等荣誉；180 项工程获得国网优质工程命名，优质工程率达到 100%；滦县 500 千伏变电站工程荣获电力行业优质工程和国家优质工程奖；连续 5 年获得 6 面国家电网公司输变电工程流动红旗；在特高压建设、设计竞赛、工程造价、科技创新等方面多次获得国家电网公司、国网冀北电力有限公司嘉奖；带领建设部多次获得公司先进集体、先锋党支部、工人先锋号等荣誉称号。

　　他善于从大局着眼、细节入手。国网冀北电力有限公司区位特殊，供电区域环京津，北部新能源发展迅猛，同时又面临河北省压降产能和京津冀协同发展的大局，电网建设重点不断变化。康健民总是能够在每年百余项输变电工程中抽丝剥茧，提前预判出重点方向，列出公司重点建设项目或者重点关注工程，在制定年度建设计划时未雨绸缪，提前安排好设计审查、招标批次、创优检查等重要工作节点，为工程顺利推进打好提前量。2013 年，新能源送出"三站四线"工程开工，该工程是国家能源局为缓解河北北部风电送出压力的重点工程，国家能源局要求一年完工送电，工期压力空前。工程建设管理千头万绪，康健民决定"谋而后动"，他亲自主持开展专项研究，针对紧张工期调整管理组织架构、优化管理程序、确定关键管控节点；向国网总部请示汇报，促请总部同意工程前期准备由"串行"优化成"并行"，大幅压缩前期准备工作时间；全面推行冀北特色属地协调工作机制，提高工程外协保障能力；建立双周协调机制，及时解决各类问题，经过一年的不懈努力，最终按照国家能源局要求顺利投运。几年来，高标准组织建成备受世界瞩目的国家风光储输示范电站工程，大气治理、迎峰度夏（冬）、风电送出、光伏送出、电铁配套、煤改电等直接关系社会经济发展、关系民生的百余项工程均提前完成任务，发挥出巨大的社会效益。

身为"能力者",他敢于迎难而上,并总是取得最终胜利。2014 年,特高压工程首次落地冀北,作为锡盟—山东特高压交流工程枢纽的北京东变电站遇到突出困难,无当年土地指标、施工无法进场等问题严重阻碍工程开工。他有半年时间常驻廊坊三河市现场办公,数十次到河北省重点办、国土厅、廊坊市,以及三河市政府汇报沟通,成功解决土地指标问题。作为现场总指挥长期驻守北京东变电站,3 次协调政府执法力量组织施工进场,受阻问题取得突破,并全面开工。北京东变电站刚刚走上正轨,北京东配套工程就取得了核准,为保障特高压工程投运,配套工程限定在 8 个月内投产,同样经过外协困难的区域,于是他冲到一线,组织力量再次打响攻坚战。2015 年,蒙西—天津南特高压交流工程开工,锡盟—泰州特高压直流工程开工;2016 年,扎鲁特—青州特高压直流工程开工,特高压"两交"工程投运。期间,获得国家电网公司输变电工程流动红旗 3 面,项目管理、安全质量管理水平获得总部领导充分肯定。

面对不断变化的基建形势,康健民坚持身体力行、率先垂范,统筹基建资源创新优化管理架构,协调各相关专业科学设置年度计划,关键节点亲自把关、协调研究对策,重大安全风险作业坚持现场"到岗到位",对外紧密协调,与河北省重点办、高速公路管理局,北京市铁路局等相关单位建立起良好的工作机制,组织与相关行业主管部门签订了战略合作协议,为电网工程建设创造了良好的外部环境。他不断推动基建管理、技术创新,推动公司建立了特色电网建设属地化协调机制,工程建设受阻现象明显改善;带领团队"走出去、引进来"学习特高压工程建设管理经验,组织制定出公司特高压工程建设管理方案,建立了工程项目管理制度体系;采取无人机航拍、视频监控等技术手段,加强对现场安全文明施工的日常督导,持续提升现场安全质量及进度管控能力。在特高压施工现场,组织参建单位完成了直升机吊装铁塔的试验及应用,填补了国内空白,完成了国内首次、等级最高的 8 级抗震、9 级设防的变电站土建施工及设备安装,攀登上了行业巅峰。

不忘初心　方得始终

——记"国家电网公司劳动模范"黄葆华

身先士卒的专业带头人

旋转机械振动分析及故障诊断技术是一门应用工程学科，涉及振动力学、转子动力学、振动测量、振动故障诊断和转子动平衡技术等诸多学科。这是一项不仅对理论知识要求高，对实践经验要求更高的技术。只有通过在现场不断解决问题、总结经验，才能慢慢打磨出过硬的技术本领。黄葆华作为博士，不仅具备深厚的理论知识，而且亲临一线，在本专业俯身深耕，工作态度和专业能力得到了各方认可。

2004年，某厂机组大修后由于振动偏大，启动7次仍无法定速，电厂从上到下焦急无比，黄葆华第一时间赶赴电厂，对机组5根转子进行了现场精准动平衡，确保了机组按期并网运行。

2010年，某厂2号发电机出现振动异常，电厂无法确定机组继续运行是否可行。黄葆华对机组运行的振动数据进行精确分析，提出必须立刻停机。后经检查发现发电机转子中心环出现穿透性裂纹，若不及时停机后果不堪设想，黄葆华的提议为电厂避免了重大事故。

2011年，某厂百万机组2号机1瓦轴振大幅度波动，黄葆华及时到达电厂进行故障诊断。通过对机组的振动历史数据、运行参数、进汽方式、轴封类型、轴瓦结构、检修工艺等方面逐一分析推断，黄葆华提出问题症结在轴承。后来对机组进行检查处理，发现确实是轴承下镰刀型瓦枕销子发生锈蚀、卡涩瓦枕引起振动波动。

黄葆华为电厂解决的难题数不胜数，先后完成50余家电厂200余台次的汽轮发电机组振动故障诊断与处理工作，为电力系统安全运行作出了重大贡献。

科技创新的领路人

在大数据应用、人工智能方兴未艾的时代，黄葆华并未固守自身经验不外传，而是敏锐意识到需要打破原有技术思维的束缚，完成经验知识向人工智能程序化的技术转型，为建设智慧电厂添砖加瓦。

2008 年，黄葆华组织建设了大唐发电公司机组振动远程监测中心，覆盖 12 省市，监控主辅机 134 台，为国内规模最大的机组运行远程监测中心，成为跨区域技术监督的重要平台。

2015 年，为了完成经验知识向程序化的技术转型，黄葆华带领其他技术人员，在国家工程振动中心持续近半月"朝八晚十"的技术攻坚，从神经网络到支持向量机，从小波分析到主元分析，终于在多样的技术路线中，找到了最优经验转化技术路线。

黄葆华是一个学者型干部，凡是和他接触过的人都会对他深厚的理论功底、广博的知识储备、优秀的个人素养所折服。在"智慧电厂"时代来临之际，他果断提出调试"智慧"经验信息化的发展方向，并取得了初步成效。黄葆华这种"永不止步，永攀高峰"的战略思维引领着团队不断进步。

队伍建设的掌舵人

黄葆华不仅自身专业素质过硬，还积极组建振动专业队伍。这个团队主要负责华北电网区域内 38 个电厂 130 台发电机组 4300 兆瓦容量的旋转机械振动测试以及故障诊断工作，年均振动工作任务达到 200 项，为全网机组安全运行和确保首都可靠供电作出了突出贡献。最值得称道的是，这个团队拥有大型汽轮发电机组的高、低速平衡及工程处理的完备技术手段和丰富的处理经验，是华北电科院享誉国内的金牌专业。

在黄葆华的带领下，这个团队成为一支能打硬仗、名扬国内的专家团队。团队中所有人员通常都在家里和单位准备两套行囊，手机保持 24 小时开机，随时准备出发，去电厂处理各种振动难题。多年来，这个团队利用有限的人力资源，为各个电厂解决了无数的层出不穷的振动难题。

这支专业的技术团队之所以能解决如此多的难题，得益于人才的培养。在人才梯队的建设中，不断补充新鲜的血液，从年轻人中选择优秀的苗子，进行重点培养，以老带新，新老结合，除了由老专家为新人传授理论知识之外，更注重对新人现场实践能力的培养。每当在现场碰到难题的时候，老专家们并不是直接帮助新人解决问题，而是与他们进行沟通和探讨，共同找出解决问题的思路，让新人在实践中积累经验；他们敢于给新人压担子，让新人从一项项分析处理的实践中迅速成长。在这样的人才培养策略下，这个技术团队已经成为了实力雄厚且具有良好可持续发展前景的专家团队。

数十年如一日，团队的每一位成员都默默地为电网挥洒着自己的热血，他们始终秉承"敢挑重担，苦中作乐"的团队精神，为整个电网发电设备的安全稳定运行保驾护航，为发电企业的设备安全出谋划策。

14

"全国五一劳动奖章"获得者先进事迹

企业的领头雁 员工的贴心人

——记"全国五一劳动奖章"获得者刘晓辉

一片冰心因赤诚而倾注热情

转作风、强管理、抓发展，是刘晓辉始终思考的问题。刚一上任，他就提出了转变思想观念、转变工作作风，提高"公转"执行力的管理思路。刘晓辉认为，一个企业就是一个家，经营企业就像过日子，"实"是根本、"干"是重心，干工作必须脚踏实地，不能出现不和谐声音。

凭借着对企业的一腔热情，刘晓辉带领全体员工对重点工作深入研究，筹划措施落实，跟踪实施效果。施工现场，有他忙碌身影；保电现场，有他坐镇指挥。在承德公司 3000 多名员工看来，正是刘晓辉这种脚踏实地的工作态度，让他们的信心和干劲更足了。2012 年，国网承德供电公司全年售电量完成 135.27 亿千瓦时，110 千伏及以上输变电工程开工投产 12 项，工程建设任务创历年之最。2012 年 12 月，国网承德供电公司作为唯一一家地市级公司，迎接国家电网公司"三集五大"体系建设综合验收，其做法、亮点、成效得到了充分肯定和高度赞扬，高标准、高质量、高效率通过国家电网公司验收。

精益管理因责任而豪情满怀

窃电与反窃电，是一场永远也不会谢幕的拉锯战。刘晓辉强调，降损工作的成败，关键在于工作思路的确定和落实的力度。他一方面组织专人到兄弟单位取经，以期摸索一条进一步搞好台区精细化管理的道路；另一方面加大台区管理力度，严厉打击窃电分子的嚣张气焰。

在国网承德供电公司精心部署下，一张打击窃电的大网悄悄地布下来。国网承德供电公司反窃电专项行动联合检查组对承德市南园小区商铺进行检查时，发现某饭店私自开启计量表计表封，断开电压连接板进行窃电，窃电时间长达 6 个月。经过拍照、录像取证后，工作人员对计量表计进行恢复。同时根据相关电力法律法规，饭店经营者刘某应交纳电费及违约使用电费 8 万元。

在强化精益管控的同时，国网承德供电公司还积极履行社会责任。刘晓辉倡导成立社会责任联盟、新农家联盟、孝心联盟，集中优势资源，汇聚八方力量为政府分忧、为社会解难。全力实施基础建设一线通、缴费明白一卡通、服务周到一话通、品牌形象一事通、故障排除一站通、执行管理一令通的"六通"民心工程。开展央企社会责任寻访活动，寻访责任收获感动，将责任央企的责任担当广泛传扬；倡导员工投身志愿行动，争做优秀公民，打造具有承德特色的"一县一品牌"和"一所双模范"的服务模式，实现电力服务"两个对接"。

大爱情怀因温情而赢得人心

2012 年"五四"前夕，在刘晓辉提议下，国网承德供电公司为离退休员工过了一回青年节，举办了"我们激情燃烧的岁月"主题活动。10 幅光彩亮丽的婚纱照呈现在大家眼前，"年轻的时候没有条件拍婚纱照。现在公司还想着我们，别提多高兴了。"60 岁的退休员工郭玉琴激动地说道。

刘晓辉对离退员工的关爱，让这些离开工作岗位的老同志更加渴望回报社会、温暖社会。"感谢国网承德供电公司的爷爷奶奶们给予我们爱的支持，为我们打开梦想之窗，我们将在爱的海洋里努力学习，将来成为有用的人才！"一封来自河北省隆化县新局子小学的感谢信摆在了刘晓辉的办公桌上。

原来，前两天，承德公司离退休员工以"爱心成就梦想"为主题，自发组织向学校师生捐赠慰问品，将关爱和温暖送进乡村、送到孩子们的心坎上。教室里，离退休员工和孩子们一起聊天、唱歌、讲故事，现场笑语不断，气氛热烈、温暖祥和。为了表达内心的激动之情，孩子们为爷爷奶奶们献上了鲜红的红领巾，并将热热乎乎的鸡蛋送到爷爷奶奶的手心里。

节假日，当人们休息团聚的时候，刘晓辉总是走进基层与一线员工一起度过。刘晓辉深深爱着企业，时刻关心着员工。数九寒冬里，他为坝上高寒地区的马背电工送去冻疮膏，炎炎烈日下，他慰问看望节日期间坚守在工作岗位的农电员工。这些暖心之举都大大增强了队伍凝聚力，为企业和谐发展提供了坚强保障。

近年来，国网承德供电公司管理模式成为耀眼亮点，广大员工向心力空前凝聚。作为企业"当家人"，刘晓辉深知，只有谋好篇、布好局，企业发展才会后劲十足。工作中，刘晓辉始终倡导"忠诚、和谐、安全、发展、服务"理念，用行动诠释着责任的力量，为企业变革发展筑牢稳固基石。

戎装保家卫国 工装守护电网

——记"全国五一劳动奖章"获得者杨旭

2005 年，杨旭自部队转业至国网廊坊供电公司工作。他从基础工作做起，钻研技术开展创新，立足岗位培养人才，为廊坊电网发展贡献了自己的力量。

钻研技术 坚定创新步伐

"我要到生产一线，从头干起，认认真真干点事，实实在在学点东西。"2005 年，28 岁的杨旭转业时，态度坚决地对领导说出了自己的想法。就这样，他来到了继电保护班，成为了一名继电保护调试工。

尽管对业务不熟，但杨旭不服输，他白天干晚上学，在最短的时间内完成角色转换。由于业务突出，他被调到高压试验班。仅用了两年时间，杨旭便从一名"门外汉"成长为公司首批 A 级专家。期间，杨旭取得了第二个硕士学位。他学以致用，钻研新技术，解决生产实际问题。

2009 年以前，廊坊地区新增变压器的套管接地末屏结构多为长接地式。因没有针对此结构的专用工具，试验人员在试验接线时极易造成末屏接地不良，危及设备安全。杨旭与高压试验班成员共同研制了一种开启高压套管末屏的工具，该工具能够避免套管末屏接地不良事故的发生，降低了设备运维成本。很快，该工具就获得了国家实用新型专利授权，并广泛应用于廊坊电网变压器试验检修中。

2014 年，国网廊坊供电公司成立了以杨旭名字命名的创新工作室，杨旭参与研制的 10 余项创新成果均已通过国家认证，有 10 项成果获省公司级及以上科学技术创新奖。

带队育人 培养优秀人才

2021 年元旦这天，青年员工李萌给杨旭发来一条微信，告诉他自己通过了无人机操作教练认证的好消息。李萌是杨旭在输电运检中心担任党总支书记时悉心栽培的一名青年员工。

2012 年后，杨旭根据组织安排，先后在变电检修、输电运检、变电运维多个基层一线岗位任职，每一处他都能带出一支能打硬仗的优秀队伍。

2017年年初，电力行业无人机巡检业务方兴未艾。当时国网廊坊供电公司此项业务尚属空白，急需人才，杨旭主动请缨带领李萌等几位年轻人组队攻关。

2017年6—7月，他们前往闷热潮湿的武汉参加无人机培训。队员白天在基地试飞，杨旭在一旁记录每个人的特点、问题。晚上回到驻地，杨旭还要整理理论题库，讲解理论，陪大家复习。同年10月，在公司举办的首届无人机比武中，杨旭的队伍拿下团体第一名，李萌获得个人第一名。

李萌获奖后，杨旭及时提醒他要认清自身优势和不足，脚踏实地，在实践中应用自己的所学所能。随后，李萌放平心态，刻苦钻研无人机知识，并最终通过了中国航空器拥有者及驾驶员协会认证，成了公司首位无人机教练。

2017年12月，国网廊坊供电公司输电专业组建起无人机班组。3年多时间里，该班组累计发现一般缺陷360处，严重危险缺陷600余处。

多年来，杨旭带过的变电检修、运维等队伍里涌现出30名高级技师、10名高级工程师、18名工程师。

坚守岗位 守护万家灯火

2021年1月6日，廊坊市的室外气温低至零下20摄氏度并伴有6级大风。在廊坊龙河220千伏变电站，杨旭与变电站的值班员共同坚守，应对极寒天气，守护设备安全。其间，廊坊电网负荷两次创新高。在大家的坚守下，廊坊电网的各个变电站经受住多日的低温考验。

"每个变电站都有自己的运行特点，隐患也各有不同，要随时掌握，确保电网设备平稳度冬。"杨旭说。

每逢重大操作任务，杨旭经常是早上天还没亮就在现场督导，深夜才回家。有时为了不影响家人休息，他索性就住在办公室，小睡一下，又继续赶赴下一个现场。他说："守站就是守好城，关乎万家灯火，容不得半点马虎。"

结合电网运行的季节性差异，杨旭创新开展变电站联查工作，每年春秋季开展检修作业密集期安全大检查、夏冬季开展大负荷保电安全大检查。每年4次的联查中，杨旭带领运维人员每天驱车200余公里、走进10座变电站，发现问题、当即安排整改。

杨旭在变电运维中心主任的岗位上干了5年，这项工作也持续了近5年。如今，在持续整改总结基础上，廊坊120座变电站的运维环境不断改善，设备健康水平不断提升，电网应对恶劣天气的能力逐步增强。

精益求精的"电缆医生"

——记"全国五一劳动奖章"获得者张庚喜

张庚喜自 1993 年参加工作以来，一直从事电缆运检工作，并且不断提升技能水平，通过开展创新发明提高运检效率。他不但自己成为了电缆运检专业独当一面的技术能手，还通过开展技能培训等方式，为企业培养了一批电缆运检专业的青年骨干。

多年勤学苦练　业务得心应手

冬日里的一天，秦皇岛港务局 35 千伏白汤二线专线电缆线路发生故障。张庚喜和几名同事第一时间赶到故障现场，结合现场勘查情况，利用电缆故障测距仪判断出故障点的位置。凭借经验，他推测故障多半和电缆接头有关。电缆线路埋在道路绿化带下方，挖掘难度较大。张庚喜带着施工人员挖了 10 立方米的土方后发现，故障是由电缆接头绝缘受潮导致的，需要更换新的电缆接头方可排除故障。备件到货后，张庚喜和同事立即制作新的电缆接头，开展多次耐压试验后，更换了电缆接头，消除了故障。

如今排查处置故障时的得心应手与张庚喜多年来在工作中的勤学苦练密不可分。不论是背着 20 多斤的工具上杆作业，还是在电缆井下一处一处排查隐患，张庚喜对待工作中的每个步骤、每项工艺都精益求精，确保高质量完成每项任务。工作中，每当遇到困难他都迎难而上，向老师父请教，在书中找办法，在实践中积累经验，一步步提升技能水平。

发明工器具　实用降成本

要想做好电缆运维检修工作，不仅人员专业素养要求高，工器具也很重要。创新工器具是电缆运检二班的"法宝"之一。2016 年，国网秦皇岛供电公司在该班组成立了以张庚喜名字命名的劳模创新工作室。张庚喜带领工作室成员围绕降低成本、节能减排、技术革新、安全生产等主题，开展创新攻关，提高了班组员工技术技能水平，提升了运检工作效率。

每年雷雨季，张庚喜和同事都要对供区内的 110 千伏及以上的电缆线路开展带电检测。铁塔上的避雷器距离地面较远，为了确保在安全距离内检测，班组成员要用手持绝缘拉杆将试验绝缘导线搭在线路避雷器计数器上端的接线端子上，如果稍有失误，不但会影响试验数据的准确性，还存在一定的安全风险。

为了保障作业人员人身安全，提高工作效率，2017 年 6 月，张庚喜带领工作室成员用 3 个月时间，研制出了多角度可视带电检测绝缘拉杆接头。该装置可以直接套装在普通绝缘拉杆上，不但能多角度调节，还附带蓝牙摄像头，便于作业人员把试验绝缘导线准确搭在设备的接线端子上，快速完成带电检测。2018 年，该成果获得"国家实用新型专利"授权，并获得"国网冀北电力职工创新优秀成果三等奖"。

培养年轻人 带出一批人

"一个好的电缆接头可以和电缆的寿命一样长，但电缆接头尺寸差几毫米就可能引发故障。电缆埋在地下，故障处置时间较长，因此一定要确保接头尺寸不差分毫。"张庚喜说道。在工作中，他自己也严格按照要求操作。

电缆接头的制作难度较大。作业人员需要先将 0.6 毫米厚的外半导层用电工刀轻轻地划开，但不能划透，如果划透了就会损伤里面的绝缘层，导致耐压试验不合格。这主要靠的是在长期实践中形成的手感和掌握的技巧。张庚喜一步一个脚印地钻研电缆接头制作技术，成为了电缆接头制作的行家里手，先后获得"国网秦皇岛供电公司电缆技能比武'技术状元'""全国电力行业优秀技能选手"等称号。

张庚喜深知一个人的能力有限，队伍整体技能水平的提高才是安全生产的基础。因此，他尤其注重培养青年员工。除了采取"老带新"等措施帮助青年员工找差距、补短板之外，他还不定期开设电缆接头制作和电缆线路验收等方面的技术讲堂，帮助青年员工快速成长。

"张工不仅带我们了解电缆的内部结构、每一个部件的作用等，还利用老旧电缆接头详细讲解制作要点。从石墨层、屏蔽层、绝缘层打磨到接线端子压接，他都手把手地教，每次培训都让我们受益匪浅。"电缆运检二班青年员工常磊说道。

15

"河北省五一劳动奖章"获得者先进事迹

精于细节 做职工心里的"保护伞"

——记"河北省五一劳动奖章"获得者于会

履职尽责 引领职工建功立业当好主力军

作为从基层一线成长起来的领导干部，于会深深懂得一个道理，那就是"说得好不如干得好"。自参加工作以来，他始终尽职尽责，冲在前面，勇做表率。公司领导和同事都说他是"三精"——人精明，工作点子多，总能出亮点、显特色，什么难题都能解决；事精明，粗中有细，特别会管理，凝聚力强；效果精，做事毫不含糊，认真严格，取得的成果多。

在基层一线的摸爬滚打经历使于会积累了丰富的经验，也取得了优异的成绩。2012 年，于会担任了公司工会主席的职务，可以说肩上的担子更重、责任也更大了。职责促使他对自己、对工作的要求更严格了，十多年里他始终紧扣"党政所望、职工所盼、工会所能"，聚焦公司中心工作，精心构筑职工建功立业、和谐劳动关系、职工民主管理、工会组织建设四大平台，求真务实，创新进取，引领职工爱岗敬业、扎实奉献，工会工作亮点纷呈，为企业发展作出了突出贡献，公司先后荣获"省市级文明单位""省 AAA 劳动关系和谐企业""唐山市模范和谐企业""安康杯竞赛优胜企业""厂务公开民主管理工作先进单位"等荣誉称号。

大爱无声 用温暖和亲情彰显人格魅力

一个人的爱心多宽广，力量就有多大；一个人的收获多少，付出就有多少。工作中，于会注重坚持以人为本，积极倡导和谐理念，培育和谐精神。他借助工会的组织优势，除有计划地开展具有工会特色的学习、宣传教育活动及思想政治工作外，更注重开展为职工送温暖、送关心活动，积极为职工排忧解难。每年，他都积极牵头组织开展公司困难职工、大病职工、退休干部、劳动模范走访慰问活动，调研了解他们的思想动态和生活状况，定期送去慰问品和慰问金，送去企业的关爱之情。

"他这一天啊，电话太多，在家也闲不住，总是一个接着一个，都是关心关爱别人的，那态度可细致温和了。就是有一点啊，家里的、老人的、我和孩子的事情他都顾不上管了。"于会的妻子总是这样笑着说道。在工作之余，于会经常与退休和患病的职工们电话沟通，关注他们的身体情况和思想状况。公司职工朱胜军、任志强两名同志因突发脑出血情况危急，他得知后，马上帮助联系唐山工人医院，组织专家会诊，跑前跑后地与院方协调治疗方案，在最佳时期及时安排手术，为病人争取了宝贵时间，硬是将他们从死亡线上拉了回来。在病人康复期间，于会多次到医院和家中看望，鼓励他们坚持康复治疗，增强战胜疾病的勇气和信心，病房里的其他病友看到后，都羡慕地连声说："你们的领导真好，太关心职工了。"

百花齐放 创新载体突出特色工作亮点纷呈

于会对日常工作要求高、标准高，精益求精。2016 年，他带头负责的职工创新工作室被河北省命名，这是创新工作室继被公司、唐山市命名之后又一次得到的殊荣。说起这个工作室，了解具体情况的人都知道，为了抓好公司创新创效工作，于会可是真没少动脑筋——拨付专项经费支持和鼓励职工开发研制小发明、小创造，组织职工开展 QC 小组活动，做到组织机构到位、资金投入到位、整体规划到位。同时，他还亲自布置办公室、科研室和成果展室，主动带头参与项目研发，营造了"人人可为、时时可为、处处可为"的创新氛围，使创新工作室不断开花结果，逐步成为激发职工创新创优的"发动机"、弘扬劳模精神的"宣传台"、促进职工成长进步的"加油站"。

春华秋实，追求永无止境。对于有思想、有干劲儿的人来说，不断创新、不断探索、积极迎接新的挑战，才是实现自身价值的最佳途径。2017 年，于会又一次推出亮点：拓展职工"家园"阵地，强力推进职工文化工作室建设，启动"N+1"文化阵地联创格局，扩建职工书屋、书画室、健身室和创新工作室，筹建极速光影像工作室，更新公司文化角，建设成果展示墙，形成了设施更全、场地更优、环境更美的职工文体中心，并以此为阵地，组织职工开展丰富多彩、喜闻乐见的文体活动，展现了电力职工奋发向上的精神风貌，增强了企业号召力和凝聚力。2019 年，职工书屋被全国总工会授牌，并荣获"全国工会最美职工书屋"称号；职工文化工作室被公司工会命名为"三星职工文化工作室"。

心存百姓的"金牌电管家"

——记"河北省五一劳动奖章"获得者么瑞秋

向管理要效益的营销匠人

2012 年，SG186 系统全新上线。面对新的挑战，么瑞秋带领各个班组的骨干人员一头扎进新系统的学习和研究中。他翻阅操作手册，询问流程步骤，记录操作关键点，一个环节一个环节地摸索，一个节点一节点地学习。有的同志说："这些细节工作由我们工作人员掌握就可以了，你作为科室负责人何必这么辛苦？"么瑞秋解释道："营销系统不只是干工作的工具，还是营销管理的晴雨表，系统遇到的问题往往反映的是管理上的漏洞，要想向管理要效益，必须首先熟练掌握系统。"通过系统的有效应用，"首问负责制""一口对外"等各项营销规章制度渐渐融入了员工的日常工作中，最终实现了从内部管理、报装接电、电费缴纳到报修服务的全覆盖提速提质。

2016 年，国网文安县供电公司面临了前所未有的环保治理和经济下行等因素带来的经营压力。么瑞秋组织相关专业人员开展经营分析，与县政府、环保部门沟通协调，提前了解相关政策，在做好企业服务的基础上，提出"深挖降损增效，防范'跑冒滴漏'，提高售电均价，确保电费颗粒归仓"四项经营举措。他和同事们经常为了一个指标研究到深夜，为了一个用电单价问题跑到商家店里。功夫不负有心人，2016 年国网文安县供电公司的各项经营业绩打了一个漂亮的"翻身仗"，高压新装增容 12.23 万千伏安；服务时限达标率 100%；线损率同比下降 1.21 个百分点；售电量增加 2.58 亿千瓦时；继续保持电费回收 100%。

以客户为中心的管理行家

么瑞秋深知"人民电业为人民"这句话的含义，"以客户为中心"的营销服务是树好企业良好品牌形象的关键。为此，他一手抓服务人员的教育培训，一手抓营销服务的标准化管控：通过开展理论学习、技能竞赛、礼仪培训等方式，全方位提高营销服务人员的服务能力和服务意识；通过实施县、乡、村三级"网格化"管理模式，制定标准化综合服务新流程，加强服务协同、严格业扩报装、故障抢修和投诉举报管理，构建协同高效的客户服务链；同时，重拳治理服务类投诉和供电服务不到位问题，使服务类投诉大幅度减少。

么瑞秋把提升群众"获得电力"满意度作为"头等大事"。为了"让客户少进一扇门、少找一个人、少跑一趟路"，他带领团队把报装流程和相关政策梳理了一遍又一遍，将用户接电时间以小时计算，最终推出"明白纸、列清单、全流程管控"三项措施，成功为企业办电时间做了全方位"瘦身"。此后，10千伏及以上大中型企业客户报装流程被精简为3个环节，低压客户报装流程被精简为2个环节，无外部工程的被进一步压减为1个环节，高压客户平均接电时长缩短54.05%。

勇创新优服务的百姓熟人

有一年刚入夏，文安县滩里镇西滩里村村民老张家的漏电保护器经常跳闸，他打开手机微信，扫描开关上的"电小二"二维码，拨通了滩里镇供电所台区经理陈友田的电话。10分钟后，陈友田便来到了老张家，查明漏电原因后恢复送电。这是"电小二"一扫通移动服务平台精准服务群众的真实一幕。

在优化营商环境行动中，为真正了解基层群众的用电服务需求，么瑞秋深入走访村街、社区开展调研。在文安县滩里镇，他发现这里有大量的外来务工人员，他们对当地的台区经理并不熟悉，一旦发生用电问题便手足无措。为解决这一难题，么瑞秋多方征求意见，不断寻求良策，最终以深化"台区经理制"为切入点，规范和固化了台区经理工作方式与工作流程。滩里镇25名台区经理、94个配电台区均配有一个对应的二维码，二维码贴在镇里每家每户的电灯开关上，有问题只要对着二维码扫一扫，台区经理联系方式和相关信息就全部呈现在手机屏幕上，让用户拥有了"一键扫码快速响应，精准服务一次到位"的服务体验。

致力于新 践行于实

——记"河北省五一劳动奖章"获得者王伟

"若无某种大胆放肆的猜想，一般是不可能有知识的进展的。"这是爱因斯坦对创新的总结，王伟常常将这句话挂在嘴边。他说，仰望着巨人，就不会停下一路钻研创新的脚步。

王伟现任国网唐山供电公司二次检修中心副主任，自 2004 年 7 月参加工作以来，一直从事继电保护及自动化运维工作，在这条工作道路上，岗位虽然在变，但他曾经怀揣的那份憧憬一直没有变。心中有了理想，工作才有了坚定的方向。

勤学不辍 做善于攻坚排难的技术先锋

电网设备与技术更新换代的速度超乎想象，保护工作日趋复杂，这让扎根一线工作多年的王伟对自己的专业一直充满危机感与敬畏感。"三人行，必有我师焉"，道出了他一以贯之的求知态度。对专业技术的钻研，练就了王伟一双发现问题的"慧眼"。经过坚持不懈地摸索与苦练，王伟掌握了过硬的设备"诊断"本领和丰富的科研攻关经验。他多次发现设备重大缺陷，做到了"现场标准化作业 100%，保护及自动化装置的正确率 100%，安全生产无事故 100%"三个"100%"的工作目标。

2018 年 11 月，国网唐山供电公司二次检修中心独立运作，王伟牵头对所管辖的 173 座变电站的继电保护设备，开展"排雷"、超期检验隐患治理、"三道防线"、实物"ID"建设整改等一系列专项工作，完成继电保护家族性缺陷反措 62 项、国网公司"十八项反措"15 项、缺陷处理 168 项，超期检验设备整改销号 1414 项，提前一个月完成全部在运的 110 千伏以上 173 座变电站的实物"ID"工作。2020 年，220 千伏郭家屯变电站继电保护改造是公司继电保护专业的重点项目，王伟带领班组成功避免了五级风险 4 项、六级风险 10 项，终于在 2020 年年底顺利完成了改造任务。

精兵善政 做善于真抓实干的管理先锋

2008 年 2 月，王伟担任二次检修六班班长，通过不断地总结、借鉴、固化、提升，最终形成一套行之有效的班组管理经验。以"七大班组管理机制"为核心，形成以"标准化"为抓手，以"精益化"为载体，推进班组创新创效，推进企业文化落地的"两化两新两推进"的建设模式。班组的建设经验入选"华北电网典型经验库"，在系统内推广应用。2017 年，在担任调控中心主任助理期间，王伟指导自动化运维班自主研发"四维一体"管理平台，推行"三个人人"管理模式。2021 年，王伟持续增强班组团队的凝聚力和战斗力，深化"578"新型班组安全生产管理体系，提高核心业务自主实施能力，稳步推进全业务核心班组建设。

创新不懈 做善于推陈出新的改革先锋

十余年创新之路，王伟取得了累累硕果。截至目前，以王伟为领军人的"王伟劳模创新工作室"共完成创新成果 287 项，获奖五小成果 46 项，发布 QC 成果 57 项，专利授权 82 项，发表论文 97 篇、专著 4 本，47 项成果获得省公司及以上荣誉。其中，全国电力职工技术成果奖一等奖 1 项、二等奖 1 项、三等奖 3 项，全国能源化学地质工会系统职工创新成果奖二等奖 3 项、三等奖 1 项，河北省优秀科技质量成果奖 37 项。成功编写出《110 千伏备自投自适应方式的应用》，该项成果的应用每年为公司节约经营成本 65 万余元，简化倒闸操作步骤近 1000 项，节省工时近 900 小时，被评为"河北省十佳职工金点子"。

诲人不倦 做善于传承教学的培训先锋

一花独放不是春，百花齐放春满园。2013 年，王伟以国网专家、高级培训师身份前往国网技术学院为国网系统新员工培训，累计授课 400 余课时。培训结束后，他得到了学院老师及学员的一致认可。2019 年 6 月，王伟带领青年员工自主设计建造的 220 千伏模拟变电站实训室正式投入使用。整个实训室建设由本部门青年员工独立设计、施工、安装、调试，为保护、自动化、交直流三大专业的实操训练和技术比武提供平台，为员工技能水平提升提供保障。2021 年，王伟作为劳模工匠代表两次参加公司举办的"永远跟党走 奋进新征程"职工大讲堂，他用朴实真挚的话语讲述了平凡岗位不负韶华、不负时代的奋斗故事，书香国网线上同步直播，观看人数达到 25.1 万人，激励鼓舞了更多的青年员工。

致力于新，践行于实。王伟一直在刻苦钻研、创新创效之路上摸索前行。未竟之事，或许更多艰难，但他愿将一生心血与才学，奉献于电力事业，肩负光荣责任，立足平凡岗位，一颗红心，筑精彩电力之梦。

勇攀高峰铸匠心

——记"河北省五一劳动奖章"获得者王玮

从一名初出茅庐的大学生到创造数十项发明专利的电力工匠，王玮深刻诠释了"干一行、爱一行、专一行"的专业创新精神。平时不善言语，善于思考，勇于创新，哪里有难题哪里就有他的身影，不墨守成规，敢于用创新的思想解决问题，这些正是他不拘泥于传统套路的真实写照。国网廊坊供电公司成立的"王玮职工创新工作室"开展了多项专业课题研究，解决了生产中的多种技术难题，先后获得国家专利授权 85 项，发表论文 75 篇，获得中国电力企业联合会全国电力职工技术成果一等奖 2 项、二等奖 1 项。王玮本人受聘为中国电力企业联合会青年专家委员会委员、全国输配电技术标准专家组专家。他带领团队研制的"电力系统机房多功能线缆引导装置"荣获全国电力职工技术成果一等奖，撰写的《闭锁式防误遥控方法在廊坊电网中的应用》被全国输配电技术协作网评为一等奖并在中文核心期刊《电气应用》发表，研究成果得到推广应用。他带领的调度自动化运维班工作扎实、吃苦耐劳、勇于奉献、乐于敬业、精益求精，解决了平凡岗位上的大量技术难题，在"第二届全国质量信得过班组选拔赛"中荣获一等奖。

脚踏实地 为思想"充电"

作为一名中共党员，王玮始终把思想政治学习放在首要位置，即使平常的工作再忙，他都要挤出时间储备理论知识，以增强政治素质，提升工作能力，更好地适应时代发展的需要。在"三严三实""两学一做"教育实践活动中，他结合自己的思想实际和实践经历，认真领会，带头践行活动要求，以此作为修身做人和干好工作的行为准则。王玮还善于取人之长，补己之短，经常向老师傅请教典型经验，和新同事探讨技术革新方法，不断开阔视野、更新观念，实现了理论与实践的有机结合。用责任汇聚力量，用信念铸就坚强，用真情凝结希望，践行"人民电业为人民"的企业宗旨，内化于心，外化于行，王玮时刻履行着一名电力人的职责使命。

精益求精 给精神"补钙"

紧握自主创新之匙，勇添管理升级之翼，力阔企业发展之路，敢亮技术改革之剑。创新是企业发展的动力，来源于工作实践，王玮对创新产生兴趣还是从工作中的不经意间开始的。见到同事费时费力地清洁视频设备时，王玮动起了脑子，怎样能提高工作效率呢？他把自己平时琢磨出的一些小改进、小发明悄悄用到了工作实践中去，逐渐得到了同事的赞同认可，由此开始他在技术创新这条路上越走越自信。有时候为了达到最好的效果，他反复试验，尝试不同的设计方案，累到筋疲力尽，直到满意为止。正如他所言，每一项发明创新背后都有一个小故事。他研制的多功能机柜用挂式工具盒、线缆剥线钳、导线折弯工具等不仅操作简易、节约工时，而且功能齐全、别具特色，在实际应用中发挥了重要作用，大大缩短了故障检修工作时间，节省了大量的人力、物力，深受大家的好评。

甘于奉献 给工作"加点"

不计较个人得失，踏实肯干，是周围同事对王玮最多的评价。王玮在生活中乐观待人待事，强烈的主人翁意识让他把身边的同事待如亲人。他常说的一句话就是："我有责任、有义务帮助每一个人成长进步。"他把繁重复杂的自动化运维工作安排得有条不紊、做到事事心中有数。这些背后是他扎根一线、兢兢业业、一丝不苟的体现，是他始终以技术革新、攻坚克难、默默付出的结果，是他先大家再小家、甘于奉献、朴实无华的回报。他始终秉持思想再解放一点，标准再提高一点，定位再准确一点，力度再加大一点，方法再创新一点，成效再突出一点的"一点"工作原则，一点一点照亮电力人技术革新的道路。

在漫长的职场人生道路上，王玮是孜孜不倦的开拓者，不断耕耘出更加精彩亮丽的人生。在电力事业的发展征途上，他是敢闯敢试的排头兵，必将谱写出更加辉煌壮美的乐章。

创新实干的电力"工匠"

——记"河北省五一劳动奖章"获得者齐火箭

当齐火箭被问起获得"河北省五一劳动奖章"的感受时，他说："也没啥，这些年就是这样干过来的，获奖就是个意外。"别人眼中的他，会是怎样的呢？

勤奋敬业 严于提高自我

自 1998 年参加工作以来，齐火箭先后在计量专业的 7 个岗位上工作过。无论在哪个岗位上，他都会把自己负责的工作做到极致。正是由于这种勤勉、严谨的工作态度，他从一名基层技术人员逐渐成长为计量专业的专家。

"我觉得离不开他那种勤学苦练、刻苦钻研的劲头。""是啊，以齐火箭名字命名的劳模创新工作室，光创新成果就 50 多项呢。"他的同事们纷纷介绍。

齐火箭自参加工作就在张家口公司营销部，10 多年来不管在什么岗位，他总是尽职尽责，并总结出一套自己的工作方法。在电能计量专业技术管理中，他组织实施了预付费电能表推广应用工程，方便了电力客户在就近售电网点购电，基本解决了收费难问题；积极组织开展智能表推广应用达 180 万余只，实现电力用户全覆盖；成功实施用电信息采集系统建设工程，逐步淘汰了人工抄表，降低了企业运营成本。

勇攀高峰 勤于创新实践

2015 年，以他名字命名的"齐火箭劳模创新工作室"成立后，他带领营销技术团队共同开展工作室硬件配置、制定标准规范、编写成果展示材料等工作，将 50 余项创新成果进行了整理收录。

作为新时代的工人，齐火箭知道，光埋头苦干是不行的，不掌握新知识、新技术，就不能真正践行"四个服务"的庄严承诺。只要有时间，他就利用起来学习、研究新工艺，从理论到实际，不懂就找人请教，回来再仔细揣摩。用他的话说："掌握的知识越多，能解决的问题就越多。"

在大胆创新实践的同时，齐火箭特别注重对项目实施管控的探索研究。他不断探索创新，努力实现用电计量和运营管理的精益管控。他应用零压降光纤传输技术，研究消除了电压互感器二次回路压降，提高了计量准确度，避免了企业经济损失。他研发的 GPRS 信号延长技术，解决了无 GPRS 信号台区及用户不能自动采集的问题，取消了人工抄表，减少了营销业务运营成本。他研制的集电能表校验、集中器、专变采集终端检测功能于一体的综合运维设备，方便了运维工作，减少了运维费用。他和他的创新团队完成的十多个科技项目研究工作，获得了河北省、公司多个科技奖项，申报取得国家专利十多项，在国内期刊发表科技论文 20 余篇。

无私奉献 技艺薪火相传

作为兼职教师，齐火箭积极发挥"传、帮、带"作用，充分展示了电力计量专家的无私风范。

为使身边新员工快速掌握基本技能，在短时间内具备胜任日常工作的能力，齐火箭在完成好自身业务工作和所承担研究课题的同时，以公司系统计量专业人员为培训对象，挤出时间开展大量技术培训工作。每年，他主持的培训累计达 80 课时以上。对此，他说："只要能让受训同志业务技能有所提高，我的付出就是值得的。"

在公司营销系统建设期间，齐火箭负责各地市公司关键客户专业知识、系统操作授课，培训人员达 120 余人次。在预付费电能表推广工程建设期间，他负责培训售电人员业务流程和故障排查方法，培训人员达 140 余人次。在用电信息采集系统工程建设期间，他的培训内容涵盖建设规范、专变终端、集中器、智能表等设备安装调试、故障排查和现场运维技术等内容，培训人员达 300 余人次。无论在哪培训，他都会精心准备课件，力求达到完美。

匠心筑梦三十载

——记"河北省五一劳动奖章"获得者陈有双

30 年，对于安逸者来说也许足够漫长，但对于陈有双来说，仿佛就是一瞬间。30 年间，他总是脚步匆匆，行走在燕山崎岖的山路上，行走在从一名架线工到创新达人的人生路上。

电网建设的"守护神"

"电网建设施工是极其艰苦的工作，整日野外施工，冬冒严寒、夏战酷暑、风餐露宿，条件再艰苦，只要工作岗位需要，我会一直干下去。"陈有双这样对公司领导表态，平淡的语气里蕴含着坚定。

2019 年春，新集镇至新庄子乡 10 千伏线路架设施工，交叉跨越很多通信、低压线路及乡村道路，需要搭设跨越架、登杆挑线，使被跨越的线路松落到地面。工程不但费工费力还很耗时，需要很大人力物力；登杆挑线、跨越树木人工攀爬树木挑线，不但危险系数高，而且绳头、导线接头还经常会卡阻，影响施工，并存在很大安全隐患。"要是有一种简便易行的工具和方法解决这些问题就好了。"这些想法让陈有双常常夜不能寐。苦心人，天不负，陈有双硬是凭借着一股不服输的韧劲，翻资料、画图纸，随着一个个设想被推倒，一个个办法又闪现，最后终于研制出一种"线路施工交叉跨越挑线工具"，搬掉了妨碍施工的拦路虎，为工程顺利开展铺平了道路。

这看似有点机缘巧合、受命运眷顾，但其实都是陈有双扎根电网建设一线长期经验积累的回馈。

"为了把电网建设成企业的脊梁，为保障一线工人生命安全，我们要始终睁大警觉的第三只眼睛。"在 2021 年农网工程复工复产收心会上，陈有双对参会施工负责人提出严格要求。安全工作他"严"字当头，宁听骂声不听哭声。他大胆地进行管理创新，实行安全端口前移，从施工队伍素质抓起，加强安全知识和业务知识技能培训。他建立"施工现场勘查暨风险点告知工作流程"，亲自带队逐个现场跑，对照"严重违章清单 100 条"逐条梳理，直到大家清除风险点、制定好防范措施为止。开始，他的这份严苛要求和一丝不苟让大家怨气十足，但久而久之，遵章守纪安全生产的良好习惯逐步养成，习惯性违章现象从根本上得到杜绝，国网迁西县供电公司实现了 8780 天安全生产无事故的好成绩，让大家对他的严格理解、感谢并陡生敬意。

为确保工作安全无误，陈有双组织大家开展"数字化班组大讲堂"活动，每位成员都要把自己的职责清单和对应的规章制度搬到大讲堂上，不但要自己熟知熟会，还要带领大家学习。

创新路上的巧工匠

除了干好自己的本职工作外，陈有双把所有业余时间都用在了学习、钻研、创新这"六字真经"上。

迁西是个纯山区县，山多，林多，自然鸟就多。但这些自然界的精灵对电网光缆却时有"伤害"。2019 年，陈有双得知公司光缆屡遭鸟类啄坏，造成信号传输中断，影响电网正常运行，运维人员试行多种驱鸟方法都没有起到很好效果。

鸟照样啄，电时常断，这可怎么办？

陈有双来了，他带领创新团队，穿山入林经过半个多月与鸟为伴的现场观察，终于有了重大发现。鸟啄伤的光缆部位都在与铁塔连接预绞丝的端头地段。根据这一共性，他和队友们进行精心研究、试验，终于研制出了"光缆用驱鸟器"，经过现场试验，有很好的驱鸟效果。这一成果得到了公司领导和运行部门的高度重视和一致认可，并在公司进行了大面积推广。现在全迁西县 90% 的光缆线路安装了这种驱鸟器，彻底解决了光缆鸟害，每年为公司节省维护费用 30 余万元。

徒弟眼中的好师父

其实每个巧心工匠也不是铁板一块，也有喜怒哀乐，也有人之常情。

"我师父陈有双那是一个大好人，不管谁遇到困难，他都毫无保留地去帮忙。"徒弟孙超说起自己师父陈有双时那叫一个自豪。

"陈有双劳模创新工作室"成立后，成为了一个传道授业、答疑解惑的平台，让陈有双有机会最大限度毫无保留地把创新经验传授给大家。陈有双不光带徒弟，还帮徒弟带徒弟，逐步把创新工作室打造成为激发职工创新创优的"发动机"、弘扬工匠精神的"宣传台"、促进职工成长进步的"加油站"。

"我们家陈有双哪有什么业余时间？白天上班、业余研究创新，晚上到家也放不下手里的活，都入魔了，没办法！"陈有双的妻子张秀环也是一名供电员工，说起陈有双，她言语中虽略有不满，但更多是对丈夫的支持。陈有双的儿子陈福亮于 2017 年以优异的成绩考入了国网迁西县供电公司，成为了"陈有双创新工作室"的一员，几年来已成长为创新骨干。这一家成了名副其实的"电力之家"。

匠心筑梦，凭的是传承和钻研，靠的是专注与磨砺。撸起袖子加油干，陈有双正阔步迈向国网建设的新高峰。

把事办在员工心坎上的好干部

——记"河北省五一劳动奖章"获得者李振军

如今"幸福指数"已成为大众关注的名词，作为"社会细胞"的企业，国网秦皇岛供电公司员工的幸福指数是怎样的呢？回答肯定是不低的，因为他们不但有一个引以为荣的秦电大家庭，他们还拥有一位把事办在员工心坎上的贴心人——原国网秦皇岛供电公司纪委书记、工会主席李振军。

员工贴心人

"要把心放在员工身上，把事办在员工心坎上。"李振军常说，"在企业的大家庭中，人心齐，人气旺，企业才能蒸蒸日上！"

回首 2015 年，国网秦皇岛供电公司工会在李振军的带领下，坚持以"创新、服务、和谐"为主旨，推行新机制、落实新举措，切实发挥了"员工之家"的帮扶作用，对 34 人次的困难员工给予困难补助，确定了 8 个困难小家，建设 3 个基层单位员工之家，帮扶 3 个创新工作室、18 项员工创新成果项目；不断丰富工会民主管理工作内涵，"员工代表提案'提质增量'专题工作"收到成效；"王德林劳模创新工作室"获"公司劳模创新工作室示范点"称号，一项成果荣获国家电网公司员工技术创新成果二等奖，创历史最好成绩。

李振军不仅关心员工飞得高不高，更关心员工飞得累不累。担任国网秦皇岛供电公司工会主席 8 年来，他时刻把员工的工作、生活牵挂在心。他倾注大量心血，丰富活跃员工文体生活，不断完善员工文体活动工作机制。在他的积极推动下，国网秦皇岛供电公司工会建立乒乓球、羽毛球、篮球、足球、台球、摄影、书画、文艺八个协会，成为员工乐于参与的文体平台。

廉政守纪践行者

李振军认为："廉政守纪不能越雷池半步！对自己、对他人都必须严格执行！"

自 2012 年担任纪委书记以来，李振军认真履行纪检监察岗位职责，狠抓体制机制建设，确保"两个责任"落实到位；抓反腐倡廉教育，形成勤廉共勉从业氛围；狠抓执纪问责，加强源头风险防范；

狠抓监督检查，构筑廉政风险防控体系；狠抓纪检监察队伍建设，提高自身履职能力。

反腐倡廉教育是李振军在国网秦皇岛供电公司内部长期坚持的一项重要工作。他实施廉政党课教育计划管理，结合每年新形势新任务，督导公司班子成员、基层党政主要负责人制定廉政党课教育计划；同时，还注重要节点教育，组织领导干部任前廉政考试，开展任前廉政谈话，把好廉洁教育关。

风险防控能力的不断提升与李振军的不懈努力密切相关。通过健全协同监督工作机制，部门协作力量得到发挥，有效解决了管理问题。李振军创新效能监察工作手段，深入开展八项规定精神落实监督检查，加强行风监督检查，不断加大公司纠风工作力度，促进行风优质服务水平不断提升。

忠诚履职，严于责己，在纪检监察工作中，李振军自觉做表率，带头在廉洁自律上追求高标准。国网秦皇岛供电公司党风廉政建设和反腐败工作，在他的严抓严管下取得显著成效，实现了"人人守廉洁、腐败零案件"的工作目标。

后勤大管家

"食堂的饭菜员工是否满意？""立体车库的修建是否满足了员工的停车需求？"

在李振军分管的工作中，当属后勤服务工作最琐碎。然而李振军从未因此而有片刻怠慢，反而把关心员工的工作、生活所需变为一种工作习惯。

多年来，国网秦皇岛供电公司的后勤服务工作在李振军的积极努力下，创新管理模式，提升后勤保障能力，为企业健康和谐发展提供良好支撑。

在后勤保障中，李振军持续深入推进"乐业工程"优化办公场所的"功能分区"，提高员工住房节能采暖，修建电力博物馆，打造员工文化教育基地；为员工打造健康食堂，根据季节变化和人体营养需求推出家常菜和特色菜，保证员工吃上既营养又健康的可口饭菜。

"工作无小事，细节是大事"是李振军一直坚守的信条。

在品牌建设工作中，李振军积极营造和谐的外宣环境，使该公司品牌传播成效显著，舆情总体保持平稳态势，并连续多年荣获人民日报社"网络宣传与舆情管理先进单位"称号。在法律事务工作中，他严格要求，从严做实做细基础工作，重点围绕通用制度宣贯与执行、合同精细化管控、诉讼纠纷与信访处理等开展工作，不断提高公司依法治企能力和水平。

如果说幸福是一种能力，那么使他人感到幸福就是一种超能力。李振军在领导岗位上的执著与热忱，就像一曲华美的乐章，在员工心中播下幸福快乐的种子，奏响企业和谐发展的最强音。

心中有责方为艺

——记"河北省五一劳动奖章"获得者轩景刚

轩景刚于 1995 年参加工作，扎根于基层工作岗位 27 年。他时刻不忘初心、事争一流，工作中讲担当、讲奉献、讲实干，办事上重原则、重效率、重结果，得到了领导的肯定、同事的认可、群众的好评，并当选唐山市党代表和丰润区人大代表。

运维检修专业的技术尖兵

轩景刚始终以吃苦为本分、奉献为光荣，面对电力企业的急难险重任务，经常深入现场，排查险情。他长期坚持进行线路特殊巡视，提前防范危险事故，除了完成公司的各项工作外，每天步行十几公里对田间野地的线路仔细进行排查，重点检查杆塔引线是否过热和鸟窝搭建速度，掌握线路负荷变化，减少停电次数。

工作至今，轩景刚累计发现线路缺陷 1000 余起，清除鸟窝 2000 余个，处理线下违章建筑 500 余起、外力破坏 30 余起，清理线下树木 20000 余棵，结合线路事故多发季节开展双日巡视，避免缺陷事态继续发展对线路产生影响。

应用创新的能工巧匠

轩景刚在工作中发现安全措施中的地线钎子在安装中由于受到长时间的打击，钎顶变形开花现象严重，并导致拔取时不好操作。通过不断地摸索、研究，他研发了一种新型电线钎子和拔钎器，这种地线钎子可以随意更换钎顶，相对于传统的方式，大大节约了施工成本。

2017 年，轩景刚领衔成立了"轩景刚 QC 小组"，研发了 10 千伏配备临时接线器、带电杆塔作业机器人、测量导线自动收放器和高压电缆头剥开器，增加经济和社会效益 1000 余万元。2021 年，"轩景刚劳模创新工作室"成立，轩景刚运用所学质量管理知识和电力技能，以"助力生产经营、创造经济效益"为目标，研发了更多便于工作的工器具。其中，电力杆塔作业智能管控装置和带电全自动驱鸟器安装器，一年创造经济效益 95 万元。他总计获得创新创效成果 52 项、中国专利 14 项，发表核心期刊论文 2 篇，获得冀北管理创新成果 1 篇。

见义勇为 助人为乐的正义天使

轩景刚注重讲原则、守底线，从不拿企业、群众的"一针一线"，做到了清白为人、干净干事。他对群众始终热情周到。在一次他和同事的工作巡视途中，看到一名女子躺在路上，二人赶紧下车查看这名女子的情况，发现她已处在昏迷状态。他们一边拨打 120 急救电话，一边对伤者进行了简单的止血处理，还使用伤者的手机联系了其家人。在伤者的家属和 120 救护车赶到现场后，轩景刚和同事才默默离开了现场。直到家属在几天后偶然遇到正在检修电路的轩景刚，才知道两位救命恩人在沙流河供电所工作。轩景刚的事迹多次被唐山电视台等多家媒体争相报道。

一天，一面写有"大火无情人有情，电力员工献真情"的锦旗送到轩景刚所在单位。原来轩景刚在巡线途中发现有工厂发生火灾，他和同事没有丝毫犹豫，立刻投入救火，最终众人合力将大火扑灭。轩景刚以实际行动展示了一名电力工作者的良好形象。

当唐山市出现新冠肺炎病毒感染者时，全区立即采取封控措施，轩景刚时刻关注着疫情的发展。防疫就是命令，责任就是担当，他迅速按照指示到达指定区域，开始协助核酸检测人员工作。在严寒的天气下，来不及用餐喝水的他，从晚上 7 点连续工作到次日凌晨 3 点多，有序完成了 1200 多人的检测。他的先进事迹被丰润电视台等多家媒体报道。

作为劳动模范，轩景刚直面困难，踏实苦干，战胜一个又一个困难，用实际行动践行"人民电业为人民"的服务宗旨，带领和激发全体员工让劳模精神在国家电网公司生根发芽、开花结果。

开拓路上攀高峰

——记"河北省五一劳动奖章"获得者战秀河

内涵发展是主线

"作为企业的当家人，必须拓展思路、创新思维。"2014 年 11 月，战秀河任职国网承德供电公司总经理，他首先想到的就是"如何实现精益管控，如何使各项工作提质提效"。在认真分析国网承德供电公司内外部发展环境，深入了解企业状况后，战秀河提出了坚持内涵式发展的新理念和新目标。

"没有管理创新，就没有企业的进步。"在战秀河看来，只有注重内涵内蕴，才能树立品牌形象。面对改革发展的新形势、新任务，只有注重发展方式、注重夯实基础、注重人才培养，着力推进"四化"，打造"五型"企业，才能打牢企业发展的根基。

正是有了这样的带头人，国网承德供电公司推出多项举措，构建完善"大安全生产监督体系"，强化"两道防线"意识；持续推进"五位一体"机制建设、构建内控指标体系、深化"两个提升"工程，优化完善现代电网企业的管理模块和运营机制；发挥"五位一体"机制建设成果，以提升绩效为目标，以流程管理为重点，强化横向协同、纵向贯通和资源共享，增强管理穿透力；严控"人耗""物耗"，积极谋求利润增长点，千方百计开源增收、挖潜增效，经营效益和发展质量得到有效提升。

不仅如此，在战秀河的积极推动下，国网承德供电公司建设"1+4"不停电作业中心，累计开展带电作业 9092 次。全方位推进居民采暖等示范项目，累计实施电能替代项目 654 个，替代电量 27.89 亿千瓦时。

电网建设作保障

走进承德市营子区喇嘛沟村，整齐排列的电杆笔直挺立，崭新的变压器锃光瓦亮，红绿蓝三色导线在阳光的映衬下格外抢眼，成为一道风景。这一切，就是国网承德供电公司配网标准化建设给喇嘛沟村留下的鲜明印记。

"配电网是连接百姓民生的'最后一公里'，一定要建设好、使用好、运维好。"战秀河多次强调，要弘扬工匠精神，打造精品工程，深入落实"四个一"的工作要求，建成可借鉴、可复制、可推广的标准化配网。

为此，战秀河时常带领相关人员，与政府、城建部门协调沟通，争取支持，进一步加快供电基础设施建设改造，强化电网对地方经济社会发展的支撑作用。在公司理论学习中心组会上，他提出的配网标准化示范区建设项目得到了公司领导和与会人员的一致好评。大家说，这样的精品示范样板，是配网标准化改造的"教科书"。

几年来，战秀河带领国网承德供电公司领导班子，以服务承德经济社会发展为己任，将电网建设推入快速发展快车道，推动政府出台《关于加快推进全市电网建设的实施意见》和《电网建设工程征地拆迁补偿办法》；全面落实属地责任，锡盟—山东交流工程建成投运，锡盟—泰州、扎鲁特—青州直流工程稳步推进；如期投运 18 座 220 千伏、7 座 110 千伏输变电工程，优质工程率达到 100%。这些电网工程的建设，为重点项目落地和推动城市发展提供了充足的电力供应，战秀河也因此多次得到承德市委、市政府的表扬。

以人为本筑根基

战秀河深知，一个配置科学、精干高效的团队是企业成功最为重要的基础，企业的管理者必须坚持以人为本的原则，提高企业凝聚力，打造和谐的内外部环境。

在战秀河看来，员工是企业的细胞，只有激活每个细胞，企业才能充满活力。如何激活细胞活力，发挥员工最大潜能？如何盘活内部存量，努力用好增量？这也是战秀河一直思考的问题。通过一系列调查研究，他提出了"新员工培养""构建科学干部选用体系""人岗匹配度评价"三方面课题：在构建起新员工"一基五阶"3+2 培养模型，从通用能力和专业能力两方面细化目标，绘制职业生涯设计的全息图，确保员工培养目标如期实现；全力打造"全能型"中层助理平台，施行中层助理聘期内季度、半年、年度高频次考核，以德、能、勤、绩、廉"五维"考核为重点，综合运用民主测评、业绩考核、第三方考核，将考核结果作为中层助理提拔任用的重要依据；以"四级四类"人才为引领，拓宽人才成长通道，构建以工作业绩和工作能力为主要维度的"十加一"评价模型，在管理、技术、技能类骨干员工中选拔出首席和一级人才 30 名，充实专家人才队伍，形成示范效应。

服务新农村 安居一方百姓

——记"河北省五一劳动奖章"获得者贾卫华

经常听说"新农村",可新农村到底是个啥模样？走进坐落在河北省永清县韩村镇的九兴新区，就会看到答案：穿过宽阔的村前广场，一排排二层别墅错落有致，或蓝或红的屋顶在阳光下煞是好看。

"这可不是样子活儿，我们三个村是2012年10月开始往新区里搬的，已经住了好几年了，水电暖都有。"村支书张其学说着把客人让进屋，"凉快吧？只要不是太孬的户，空调、彩电、洗衣机、电脑，一般的家电都置办齐了。咋样，和城里没啥区别吧？"

"这么多电气，一起开能行吗？"想起路上一根电线杆都没有看到，客人还是不免有些担心。

张其学笑了："没问题，我们全村一起用都没问题！我们这些新区的用电量都超前规划了，这还多亏了贾所他们的红马甲呢！"

张其学口中的"贾所"就是时任国网永清县供电公司韩村供电所所长的贾卫华，红马甲就是贾卫华所带领的共产党员服务队。得知要建设新区的消息后，贾卫华第一时间与镇政府对接，表示可以向工程设计和建设方提供义务的业务咨询和指导。

"九兴新区的电力线路都采用的是地埋电缆，这样既美观又安全。负荷容量也做了预估，682户，分别用了三台变压器供电，容量和线径十几年应该都不会有缺口或低电压问题。"贾卫华说起业务如数家珍，"这个新村电力设施的产权虽然不是供电部门的，但有些事咱们不能袖手旁观，要不最终倒霉的是老乡们。"贾卫华很清楚作为一名供电人的社会责任和担当。

小区建好了，村民们要搬进新家了，贾卫华带领的红马甲们又出现了。他们对每家每户的进出线和保护器进行了检查和试跳，并及时消除安全隐患。就是这项枯燥、繁琐，还得搭上自己业余时间的工作，让九兴新区的百姓们用上了安全电、放心电。至今，都没有出现安全用电问题。

利用在九兴新区的成功经验，这支共产党员服务队又先后义务帮扶了南石、范庄等 4 个新区。

服务"新农业" 乐业一块热土

永清是典型的农业县，仅韩村供电所辖区内，每年都有新增设施果树、蔬菜大棚十几万亩。多为集种植、采摘、休闲于一体发展的新型产业。

"这些客户在电力保障上的需求还是挺大的，尤其是一些高新的农业项目，如果电力跟不上，那就损失惨重了。"常年奔波在一线的贾卫华很有感触地说道。

与传统大棚的用电需求不同，高新农业对光照、湿度、温度、通风等环境条件有一系列严格的要求，而这些环境条件的实现都是由电脑预先设置，借助电动机械完成的。电是实现这一切的唯一驱动。如果没有电，植物的生长环境就达不到要求，轻则影响果蔬的产量和成色，而一旦赶在育苗期，企业无疑将会蒙受巨大的损失，后果不堪设想。

瑞海公司就是一个求助的老客户。"他们主要种植铁皮石斛，这东西一般生长在长江以南，到了咱北方就得给它人工创造生长环境。夏天不能暴晒，冬天需要保暖，不能缺水但也不能浇多了，还得把水调成弱酸性或中性……"说起铁皮石斛，贾卫华俨然是个行家。也难怪，在瑞海公司最初种植的时候，贾卫华和包片电工刘桂林没少往那儿跑。

"我现在一看见红马甲心里就踏实！"虽是一句玩笑话，却道出了瑞海公司赵经理对这支共产党员服务队的情谊。有一次，负责用水调配和喷洒的设备怎么也不工作，年过半百的赵经理急得团团转。由于这水不是普通的水，是机器调配过的弱酸性水，给水都是靠植物上方的喷淋设备施放。"1300 多平方米的大棚，12 万株石斛，就是有了水，全靠人工精确去浇，得浇到猴年马月啊？每斤鲜石斛可以卖 1000 元，要是管理不善，你想想，得多大损失！"赵经理对此记忆犹新，"后来忽然想起来，供电所报装接电完事后给了一张卡片，说是有事可以打电话。没想到这'死马当活马医'，还真给医好了！"贾卫华听了连连摆手，谦虚地说："碰巧了，碰巧了。那次是大棚外围线路的问题，不是设备本体故障，要不我们也不行。"

正是这若干次的"碰巧"，解决了一个个企业负责人的燃眉之急，避免了一次次或大或小的损失。虽没有什么物质酬谢，但贾卫华和他的红马甲伙伴们很享受这份被人需要的成就感。

一方安居的百姓，一块乐业的热土，贾卫华带领着他的红马甲团队，用自己的实际行动爱着自己的家乡，爱着父老乡亲，他们从百姓中走来，又走到百姓中去，带去光明、温暖、富足和欢乐。

万家灯火的守护者

——记"河北省五一劳动奖章"获得者高靖伟

　　高靖伟于 2006 年 7 月毕业于华北电力大学，现任国网滦平县供电公司电力调度控制分中心主任。从参加工作以来，无论遇到什么问题，他总能有一种"打破砂锅问到底"的精神，不研究清楚就不罢休。在施工生产这个大环境里，经过多年的培训和锤炼，高靖伟充分理解"忠诚、敬业、开拓进取、学习创新"的企业精神及企业文化的深刻涵义，他如同一架机器上的一颗小小螺丝钉，虽然很普通，却发挥着不可缺少的作用。

　　2009—2013 年，高靖伟成为了分中心保护专业的骨干力量。他参加了 10 余座变电站的综合自动化改造工程建设和 4 座新建变电站的调试验收。在虎什哈 110 千伏变电站改造过程中，在对进线备用电源自投装置的校验时，装置始终不能正常动作。当时已经天黑，几乎所有人都要放弃，但在高靖伟的极力鼓励下，大家坚持到了深夜，才发现问题的根源，虽然只是个动作出口的设置错误，但这小小的问题足足折腾了他们近 6 个小时。至今，高靖伟还清晰记得那时候解决问题的自豪感和成就感。像这种坚持和钻研的例子总能流传在他身旁的同事口中，人们那时常说他真是一个肯钻肯干的"犟牛犊"。

　　2013 年负责调控工作后，高靖伟深知责任重大，加强学习专业技术知识和业务流程，熟练掌握各专业的工作要领，合理安排电网停电检修计划，科学调整运行方式，完善各项事故应急预案，处理各种突发性的事故，圆满完成各项保供电任务，完成多个综自改造工程的组织实施和配网抢修指挥机构的建设等重点工作。配网抢修指挥这项新业务人手少、任务重，既要在 3 分钟内完成工单的接派任务，又要克服人手短缺和系统来单不提示的问题，他经常整夜整夜地盯着电脑屏幕，死死坚守在工作一线。他那时常说："在困难工作中，更要起好带头作用，这样才能让部门的人跟着一同坚持，如果作为带头人都退缩了，那其他人就会更加懈怠。"他这样说也这样做，在多个电网故障的日日夜夜，他急匆匆的身影总是出现在调度指挥室；在十多个万家团圆的除夕夜，他始终坚守在调控工作一线，守护着万家灯火。

在工作中,高靖伟注重创新。作为创新工作室的带头人,他经常在业余时间与青年员工一同研究解决生产中遇到的实际问题,带领团队取得了多项国家实用新型专利。"延长变压器温度使用寿命""直流接地故障的快速查找""新型端子接线架的研制""线损预警模块的研发和应用"等一个个成果改进了生产中的难题,提高了劳动效率,同时也取得了很好的经济效益。

新设备的更新换代和新技术的不断投入应用越来越快,高靖伟充分认识到要不断给自己充电。为了适应时代的要求,他加强专业技术的学习,对每个新投设备都做到认真学习相关的技术书籍、操作规程和维护要求,使自己能够尽快掌握新设备的技术知识。随着不断地学习和实践,高靖伟的专业水平也有了较大提高。他时常说:"为了今后能够更好地做好本职工作,要更进一步学习、丰富自己的专业知识,提高自己的业务素质,使自己不掉队。"

高靖伟多次受到上级领导表彰和嘉奖,多次被评为国网冀北电力有限公司、国网承德供电公司先进工作者。在《承德日报》中,他的事迹被题为《为了万家灯火明》的短文报道。同时他的事迹还在全国总工会中国工人杂志社的《共和国的脊梁》一刊中被宣传报道。

这就是高靖伟,严肃对待自己的工作,勤勤恳恳、兢兢业业、尽职尽责,把工作当做一种使命、一种精神、一种享受的人生体验,勤奋、主动、自信、创新。

一个踏实做事的人

——记"河北省五一劳动奖章"获得者梁凤敏

梁凤敏是国网唐山供电公司的一名普通女工，提起她，同事们很自然地便将她与"服务之星""创新能手"画上等号，她是同事眼中的"金点子王"，也是很多客户心目中的"窗口大使"。在参加工作的 20 多年里，她勤奋工作，踏实奉献，为企业发展贡献着自己的一份力量。

勤学苦干 20 年从不间断

1999 年夏，梁凤敏中专毕业后，走进国网唐山供电公司，成为一名电网员工。"最开始我从事电费抄核收工作，到各家各户抄表收费。当时我还是一个笨笨的小丫头，由师父带着，现在我也成师父了。"回忆过去 20 余年的工作经历，梁凤敏笑着说道。作为一名窗口服务人员，梁凤敏每天的工作就是面对各类客户和枯燥的资料，连续工作 8 小时，但她从未感到厌倦。

在步履匆匆的生活中，梁凤敏始终保持着内心的淡定与从容，按着自己的步伐，不断提升能力、积蓄力量，工作之余坚持学习。每一次接待客户，她都当做是一场"模拟比赛"，每一句呼唤应答、每一个手势动作，她都做到精益求精。为了攻克业务关，梁凤敏上班跟着师父学，下班捧着书本看，遇到疑点难题，她就请教有经验的前辈，一些老师父经常被她缠着问个不休。

慢慢地，面对态度生硬的客户，面对繁琐复杂的难题，梁凤敏变得越来越得心应手。遇到困难的时候，她总是第一个站出来。老站长黄维国说："小梁这种勤学苦干的韧劲儿真让人佩服，她参加工作多年从未间断！"

2014 年，在国家电网公司第二届供电服务技能竞赛中，梁凤敏获得窗口服务专业第十名，获"国家电网公司技术能手"称号。2017 年以来，梁凤敏三次在国家电网公司供电"服务之星"劳动竞赛中获"优秀服务之星"称号。"竞赛给了我和榜样对标、向优秀看齐的宝贵机会，让我获得专业最前沿的信息，激励着我不断努力向前。"梁凤敏这样说。

2015 年，梁凤敏清理排查电费高风险客户，提前制订"一户一策"风险防控预案 148 份，确保电费及时足额回收。她组织开展营销网络信息安全隐患排查整改，制定营销专业网络安全保障工作防护方案，排查整改 121 个营业场所，排查入网设备 975 个，连续三年在公安部组织的网络安全专项演习中，顺利完成唐山防区演习任务。

笨活巧干 创新路上不言苦

在单位人手逐年递减、业务数量直线攀升、指标责任越来越重的情况下，工作只能"见缝插针"，更是需要"事半功倍"。如此一来，供电服务除了苦干实干，还得巧干。在逐渐掌握业务技能后，梁凤敏开始琢磨各种工作中的小窍门。

2011 年，国家电网公司明确提出，用电信息采集系统覆盖率在 2014 年年底要达到 100%。针对这一规划，梁凤敏专门统计了所在营业站的低压采集质量情况，结果惨不忍睹。为改善现状，她对该站用电信息采集工作存在的 4 大项 17 小项问题全面梳理完善。2012 年 12 月，该站用电信息采集成功率飙升至 94.76%。

"我们这种创新和生产上的创新不同，人家都是有什么发明创造。我们就是怎样完善管理，怎样把指标提上来。你不想总加班，还想把工作干好，那就得多想辙把工作效率给提高了。"梁凤敏这样看待自己的创新成果和创新动机。

多年来，梁凤敏养成了做"课堂笔记"的习惯，工作中无论碰到什么问题，都随手记下来，一有空就琢磨。她组织的"提高用电信息采集成功率""减少营销稽查电价执行异常数量"等多项创新成果，解决了工作中的难题，提升了优质服务水平，提高了工作效率，为企业创造了效益，目前获奖项 69 项，14 次获"河北省科技质量成果奖"，发表科技论文 14 篇，参与实施并获得国家专利授权 22 项。

真抓实干 传承培养不倦怠

一花独放不是春，百花齐放春满园。梁凤敏非常重视青年人才的指导与培养，作为国家电网公司高级兼职培训师，完成培训授课 312 课时，通过指导、授课、答疑等多种形式培养学员岗位履职、专业研究等职业能力提升。

为了把优秀经验做法传播推广，梁凤敏参与编写了《供电营业厅标准化手册——服务规范图集》等书籍，并已正式出版发行。她还参加了上级公司抄表催费和电费稽查培训项目讲义、电力营销专业技能等级评价技能考核案例及评分标准汇编的编写。她为客户服务技能竞赛编写题库，并在保定技培中心给予现场指导，面对一个个渴求知识和技能的同事，她把自己的经验毫无保留地传授给每一个需要的人。她指导的赵丹丹作为公司的主力选手参加了国家电网有限公司组织的"'互联网+'电子渠道运营知识与功能技能竞赛"，并获得团体三等奖。

16

"首都劳动奖章"获得者先进事迹

"一线窗口"当哨兵

——记"首都劳动奖章"获得者许鸿飞

不忘初心 坚守信通保电岗位近十载

调控中心作为公司信息通信安全生产的"一线窗口",承担着全网信息通信系统的运行指挥中枢功能,担负着信息通信系统运行监视、调度指挥和应急处置等重要职责。从信息通信检修一线到调控技术管理,对许鸿飞来说,"忙"就是生活的主旋律。每一个重大事件的保电时段,每一个重要节日的保电现场,都能看见许鸿飞像陀螺一般忙碌的身影。

丁酉年除夕夜,爆竹声声中,许鸿飞又一次拨通了远方父母的电话:"爸、妈,新春快乐!今年又不能陪伴在你们身边了……"话未说完,他已经有些哽咽。自2012年起,许鸿飞连续6年的除夕夜都是在工作岗位上度过的。千家万户欢度的除夕夜,正是他在信息通信调度大厅紧张指挥、调度的关键时刻。当午夜钟声响起,窗外烟花绚烂时,他才稍稍松了一口气:今年的保电又结束了,新的一年,蓄势待发。

当被问到,调度监控室工作压力那么大,又长年累月出现紧急任务,为什么不申请换个岗位的时候,许鸿飞不假思索地回答:"最初的梦想和现在的感情大于这份压力。这么多年,我对这份工作已经有了很深的感情,推不掉、也不舍得推。"

管理创新 促进信通事业蓬勃发展

许鸿飞在调控中心主要负责三项工作:一是调度监控,确保信息通信系统安全稳定运转;二是上传下达,向上级部门汇报国网冀北信通公司的保障方案,向员工转达相关保电要求,并负责安排落实各项保电措施;三是现场值守,进行重大保电期间的应急和协调。这样的工作模式,持续了3000多个日日夜夜,枯燥、繁琐、单一。但是,他在平凡的工作中勤于思考,善于发掘总结,在信息通信调度专业深度融合、同质化和集约化管理等方面创新管理模式,取得良好成绩。

为此，许鸿飞在信息通信专业深度融合和集约化管理水平提升方面积极探索，建言献策。目前，信息通信调度员已经具备网管操作和应急处置能力，信息通信专业联合处理故障的能力进一步得到提升。同时，随着技术的发展，智能化水平也飞速提高，信息化系统一一上线，通信管理系统也不断优化升级，各类业务系统运行状态、通信网络运行情况在 LED 大屏上清晰展现，一目了然。

随着信息通信网络规模的不断增大和设备种类的不断增多，纳入信息通信调度实时监控的信息系统和通信网络与日俱增。然而由于值班人数和监控屏幕数量没有变化，信息通信调度网管值班监控面临新的挑战。许鸿飞带领他的团队结合实际情况，创新性开发"信息通信网络轮播系统"，解决了信息通信网管实时监控问题。

一张张鲜红的证书和奖状是对许鸿飞努力的最好回馈和褒奖。他多次摘取北京市、河北省、电力行业信息化和公司企业管理创新奖项。"时代为我们提供了创新的舞台。在创新这条路上，我将继续努力，加油干。"许鸿飞这样说。

不辱使命 全心全意为工作付出

2016 年，公司新大楼建设工作紧张有序地开展着，国网冀北信通公司领导将信息通信调度监控大厅专项建设的任务交给了许鸿飞。

在信通调度监控大厅建设期间，许鸿飞带领相关人员放弃周末和节假日等休息时间，加班加点坚守在岗位上，现场指挥、协调人员开展大厅建设、设备搬迁等各项工作。饿了泡碗面，困了趴在角落的凳子上小憩一下，在最后冲刺阶段，他与战友们连轴奋战了整整 15 个昼夜。在他有条不紊的指挥下，施工建设者及技术人员们共同努力，公司信息通信调度监控大厅提前投入运行。

2016 年 7 月 28 日，站在 170 平方米明亮的信通调度监控大厅内，凝望着由 30 块 65 寸液晶屏组成的信息通信调度可视化展示系统时，许鸿飞心里充满了自豪。这个结合他多年调度运维经验亲自参与设计的调度监控操作台，不仅代表了更高的设计标准和更精益的施工工艺，也承载着他的初心和梦想。

"干一行爱一行。这么多年了，我对工作的热爱有增无减。"许鸿飞说道。

首都清洁供电"护航者"

——记"首都劳动奖章"获得者刘辉

工作以来，刘辉始终秉承"源于生产、服务生产、兼顾前瞻"的理念，潜心钻研新能源发电与并网稳定性分析领域专业技术，突破制约新能源行业的重大难题，以扎实的理论功底和丰富的实践经验取得了行业领先水平的科技成果，多项成果打破了国外技术垄断，实现国际首创，10余项科技成果进行了转化，累计为国网冀北电科院创收超过2亿元。作为主要完成人，他先后获得省部级科技奖励22项，其中一等奖5项；近三年，他作为第一完成人获得省部级科技奖励5项，其中河北省科技进步一等奖1项、中国电力行业科技进步一等奖1项和技术发明奖二等奖1项、国家电网公司科技进步二等奖1项。他发表论文80篇，授权专利73项，参编国际标准3项，国家标准5项，出版专著2部。

勇闯"无人区"的探索者

针对新能源主动支撑能力缺失的行业难题，刘辉构建了电压源型虚拟同步机理论体系，突破了虚拟同步机主动支撑关键技术，成功研制含风电、光伏、储能虚拟同步机在内的26款装备，攻克了虚拟同步机集群运行技术，建成世界首座新能源虚拟同步发电机示范工程，解决了双高电力系统调节能力不足的难题，为支撑新能源为主体的新型电力系统自主运行提供了可行解决方案。

针对国内首个长期稳定存在的新能源次同步振荡现象，在没有成熟治理经验可供借鉴的条件下，刘辉牵头产学研用协同攻关，历时8年发明了基于聚合阻抗频率特性的次同步谐振量化分析方法，突破了风电次同步谐振的定量分析和抑制技术，首创了电网侧集中式次同步阻尼控制技术，研制了国际首台35千伏/10兆伏安风电次同步阻尼控制器，成功研制了具备次同步阻尼控制功能的双馈风电机组变流器，实现了单元机组侧的主动式治理，解决了大规模风电并网宽频带谐振难题。

针对冀北地区百万千瓦级连锁脱网事件频发的问题，刘辉承担技术牵头重任，阐明了大规模新能源接入弱电网连锁脱网机理，建成了国内首套千万千瓦级新能源无功电压综合控制系统；研制了世界首套移动式风电机组高／低电压一体化测试装置，打破了新能源机组故障穿越检测装置依赖国外进口的局面，首次实现风电机组 1.3 倍高电压穿越能力。

青年成才的领路人

刘辉是专业上的领军人，更是团队的领路人。多年来，他悉心培养人才，专注团队建设。在人才培养上，作为博士后工作站企业导师和华北电力大学校外硕士研究生导师，他先后指导和培养了 7 名博士后和 13 名硕士。在团队建设上，他从零起步，经过十余年的努力，逐步建成了"风光储并网运行技术"国家电网公司重点实验室与北京市示范性职工创新工作室，培养出一支 43 人规模、具有国内领先技术水平的新能源研究团队。

这支团队构建了千万千瓦级新能源并网电磁暂态仿真平台，打造电网公司、发电企业与设备厂商技术合作的平台；建成了冀北新能源大数据增值服务与创新服务平台，检测与仿真能力在省级电科院处于领先地位，具备新能源全环节检测优化与全产业链咨询服务能力，实验室资产已超过 8000 万元。在刘辉的带领下，新能源研究团队获 2021 年"全国工人先锋号"、2021 年"北京市西城青年之星"、2020 年国家电网公司"工人先锋号"、2019 年国家电网公司"电网先锋党支部"和"先进班组"等荣誉。

冬奥零碳供电的"护航者"

刘辉锚定新能源行业面临的"卡脖子"共性难题与冀北千万千瓦新能源基地运行过程中迫切实际需求，带领团队相继攻克了大规模新能源连锁脱网、次超同步振荡和新能源主动支撑能力不足等行业难题，取得的研究成果为保障"双高"电力系统安全稳定、推动"双碳"目标实现做出了突出贡献，显著提升了冀北电网的新能源消纳能力，为构建以新能源主体的新型电力系统打下了坚实的基础。针对 2022 年北京冬奥会 100% 清洁能源供电难题，刘辉勇挑重担，作为骨干，全程参加国家重点研发计划课题"支撑低碳冬奥的智能电网综合示范工程"申报、研发和验收，解决了张家口新能源稳定汇集、安全输送至崇礼和延庆赛区的难题，首次实现了重大赛事活动全绿电供应。

攻坚克难 玉汝于成

——记"首都劳动奖章"获得者宋鹏

新能源并网检测的"拓荒者"

"近年来，随着大量新能源接入，我国'三北'地区发生了多次大规模风电连锁脱网事故，严重威胁到电力系统的安全稳定运行，为支撑新能源并网性能提升，必须尽快开展新能源并网检测能力建设。"这是宋鹏在"风电机组高低压穿越能力一体化测试装置"鉴定会上进行成果汇报的开场白。2012 年，华北地区新能源装机容量迅速增长，张家口沽源地区风电脱网事件频发，然而区域的新能源并网检测能力仍属空白。在零基础背景下，宋鹏带领团队多次调研，深入研究，主动破冰，研发出具有自主知识产权的风电机组高低电压穿越能力一体化测试装置，技术指标国际领先，打破了国外在该领域的技术壁垒，大幅降低了国内相关装备的制造成本。有了自主研发的检测装备，宋鹏和伙伴们一起连续 180 多天扎根现场，不避风雪，完成环首都区域 59 座风电场的低电压穿越能力测试，完成了国内首次风电机组高电压穿越试验，率先使我国双馈、直驱两种陆上风机主流机型具备了 1.3p.u. 的高电压穿越能力，彻底消除了华北地区的新能源低电压穿越脱网风险。

2013—2016 年，宋鹏带领技术团队逐步攻关，建立了包括功率调节能力、电网适应性、电能质量、无功补偿装置、场站控制能力等全方位的新能源并网检测能力，编制了风电并网检测全套技术规范性文件，累计完成了 95 座风电场和 23 座光伏电站的并网性能测试和安全性评价工作，获得了 47 项中国合格评定国家认可委员会（CNAS）认可资质，保障了大规模新能源接入京津唐电网的安全稳定运行。

创新示范工程的"护航者"

2011 年 7 月，我国第一座大规模新能源联合发电工程——国家风光储输示范工程进入安装调试阶段。宋鹏作为专业负责人，面对调试工期紧、任务重、技术壁垒高的多重困难，在海拔 1800 多米、零下 38 摄氏度的恶劣环境下，与同事们一起爬遍了项目 172 台风机，不分昼夜与厂家研讨调试方案，已经不记得多少次在风机塔筒里吃带着冰碴的盒饭，也不记得有多少次摸黑上山处理设备带电缺陷。每一台设备的成功并网运行，都留下了宋鹏埋头苦干的身影，最终保障了示范工程的高质量投运。工程调试期间，宋鹏仍不忘科研攻关，提出了风光储发电设备的工程调试、验收、技术监督实施方法，建立了新能源电站的调试能力，完成了公司第一个牵头的国家科技支撑计划项目，编制了 6 项技术标准，填补了风光储联合发电技术标准的空白。

2016 年 12 月，新能源虚拟同步发电机重大创新示范工程开工建设。这是虚拟同步发电机技术在新能源电站的首次应用，试验验证手段空白。宋鹏和他的伙伴们不等不靠，迅速研究提出了虚拟同步发电机的设备级、场站级性能现场试验方法，在现场累计开展 573 次试验，闭环整改 5 大类、40 余项设备缺陷，建立了新能源虚拟同步发电机的全套试验验证手段，为示范工程的顺利投产提供了坚实保障。事后回想起来，宋鹏感慨地说："其实当时提出这种试验技术，到底能不能有效考验设备性能，我心里也没底，压力非常大。主要因为同事们一起，敢想能干，互相支持，才能把一个一个的难题解决掉，所以我们最后成功了。"恰是这样一支团结进取的技术团队，成为了冀北电力人"特别能吃苦，特别能战斗，特别能奉献"的精神缩影。

新能源发电运维服务的开创者

2011 年和 2015 年，宋鹏作为主研人先后承担了 2 项新能源电站运维技术相关国家科技项目的研究工作，创新性地攻克了新能源发电设备量化状态评估、失效预测、智能故障诊断、运维策略优化等系列关键技术，建成了新能源发电设备的运维现场试验能力，自主研发了新能源大数据创新服务平台，为冀北区域 30 余座风电场提供了设备故障分析、诊断试验、发电性能评估、发电量损失分析、新能源功率预测优化等个性化定制服务。2013—2017 年，宋鹏和他的团队，行程超过 10 万公里，累计开展 32 座新能源电站的技术监督、20 余次风电场安全性评价、50 余次新能源发电设备故障与性能诊断试验，解决设备问题 120 余项，保障了新能源运营商的发电效益，收到新能源电站感谢信 20 余件，切实践行了公司"一保两服务"的职责使命。

敬业 精益 专注 创新

——记"首都劳动奖章"获得者郑毅

艺痴者技必良。从国家电网公司华北分部到冀北电力有限公司，郑毅一直从事安全监督工作，他立足本职工作，着眼公司大局，内心笃定，真抓实干，创新管理，有力促进了公司安全监督管理工作的提升。

天道酬勤 人勤春早

作为安监部副主任，郑毅牵头组织各项政治保电任务，多次受到各级领导的表扬和肯定。他总结保电经验，编制公司总体预案及 19 项专项应急预案，修订各单位应急预案、现场处置方案 9000 余项，并按照电力监管机构相关要求进行了外部专家评审和备案工作，有效推进了应急管理工作的规范化，得到北京市发展改革委和华北电监局领导的高度评价。

恪守承诺 齐力攻坚

完成公司应急指挥中心系统四级互联互通建设组织工作。2012 年年底，公司应急指挥中心体系延伸至各县级供电企业，达到了四级互联互通系统建设要求，成效显著。在"三集五大"体系建设工作中，郑毅组织完成了 97 项核心业务流程的编制，新增、修订 107 项规章制度，确保安全管理无缝衔接。他组织公司各单位积极开展全员安全培训，做到覆盖率100%、合格率 100%，提高了员工安全技能。

严谨精细 务期必成

大力开展质量监督工作。郑毅制定了《冀北电力公司质量监督工作管理办法（试行）》，明确了质量管理保证体系、监督体系和技术支持体系的职责，明确规划、物资、基建、运维、调度、营销（农电）、信息等专业管理部门和所属各单位的职责，细化了质量监督关键指标和质量事件调查的管理，并对质量监督检查、培训、奖惩做了规定。他组织开展了配电变压器及电力电缆专项抽检、供电服务质量和供电可靠性管理专项检查等质量专项监督工作，确保了公司质量管理体系建设稳步推进。

创新管理 凝聚合力

16 年的安全监察工作，郑毅从事了安全监督、应急管理、质量管理、电网安全管理等多方面的工作，基本覆盖了安全监察领域所有的专业，为保证公司安全形势平稳做出了贡献。在工作中，他紧密围绕公司安全生产中心工作，坚决贯彻公司党委和部门领导的决策部署，严格服从组织安排，顾全大局，执行到位，不断改进工作方法，提高工作效率，高质量地完成公司和部门领导布置的各项工作，制定公司安全生产委员会工作规则，修订公司安全工作奖惩实施方案，编制安全生产巡查制度，持续推进公司安全制度化建设。他组织完成春秋季安全大检查等专项督查，不断推进隐患排查治理和风险预警管控双重预防机制建设，以实际行动践行了"七个杜绝，两个确保"安全工作目标，各项工作取得了较好成绩。

在我国进入全面建设社会主义现代化国家、向第二个百年奋斗目标进军新征程的关键节点上，郑毅努力奋进、积极进取，为安全管理体系提升夯基垒台、立梁架柱，秉持敬业、精益、专注、创新的工匠精神，为建设具有中国特色国际领先的能源互联网企业贡献力量！

奋斗的"燊"影最美

——记"首都劳动奖章"获得者金燊

"请公司领导和同事们放心，公司应急抢修队伍会切实肩负起冬奥保障使命，不忘信通人的初心，坚决打赢冬奥供电保障总决战！"距离 2022 年北京冬奥会开幕百天时刻，国网冀北信通公司冬奥保障动员会上，通信建设运维中心主任金燊代表应急抢修队伍全体成员作表态发言。随着铿锵有力读完最后一句话，他知道冬奥冲刺号角已经响起……

旗帜领航 攻坚克难

回想一年多来的冬奥准备工作，金燊思绪万千。从到冀北参加工作的第一天起，他就深刻认识到公司基于位置和职能原因承接的政治保电任务，党建的引领是他前进的引路石，大局意识是他主持中心工作的主基调。"大家要认真贯彻落实党中央关于北京冬奥会的重要部署，把思想统一到公司冬奥保障各项工作部署上来，心往一块想、力向一处使，通过测试赛积累经验，确保冬奥保障准备扎实有力。"中心冬奥保障动员会上，他坚定地说。他深知做好思想工作是做好一切工作的基石。

冬奥保障相较于历次保障工作，时间跨度长、保障范围广、工作要求高，任务十分艰巨。"隐患治理工作任务艰巨，工作计划要细，安全意识要强，现场作业要规范，不能有一点马虎大意，要确保年底前高质量高标准完成。"设计联络会上金燊不断强调着。他积极协调地市公司、厂商、施工单位，精细部署工作任务，制定严格的工作计划，最终他带领队伍克服了疫情防控导致施工计划控制难的不利影响，高质量消除了 31 项通信电源单自动切换装置（ATS）的隐患、4 项整流容量不足隐患，通信电源系统稳定运行能力得到大幅提升。

人才聚力 主动创新

通信专业人员普遍年轻，专业技能和管理经验不足，是一直困扰金燊的问题。他不断探索优化人才培养机制，把年轻员工推到重点项目上去锻炼，敢于"压担子"，亲自"把方向"。金燊常说："年轻员工就是要冲到工作一线去，不要怕犯错，要敢于试错，才能得到最快的成长。"他会组织各类专业技能培训和跨部门学习，搭建交流平台，定期开展谈心谈话，解答工作、生活中的疑惑。新员工王凯亮刚到通信中心就被安排到冬奥保障分指挥部开展现场保障任务，他笑着说："我感觉我有三个导师，除了专业和创新导师，还有一个班主任，从工作到生活，金主任都管了。"

为深入贯彻科技办奥理念，金燊不断开拓工作思路，加强与各业务部门交流协作，着力发挥通信专业优势，主动发力开展新技术研究与应用，基于 SDN-WAN 新技术全面应用于冬奥 EOC 数据网通道，对奥雪、云顶、古杨树等 14 个站点进行设备升级改造，对冬奥核心区通信网二网工业以太网交换机设备进行全面纳管，有力提升了冬奥赛场业务运行质量和保障能力。

决战冬奥 奋楫扬帆

冬奥赛场上运动员们挥洒汗水，捷报频传，在枣林前街 32 号院，作为总指挥部、主网分指挥部信通保障工作组成员、国网冀北信通公司通信和应急保障工作组副组长，金燊带领团队共组织开展 740 次网管巡视、574 人次现场巡视、952 次网络性能深度巡检及 474 次数据备份，建立冬奥保障备件库，整理 12 类 320 件设备备件，实现特级保障站点备件齐全、一二级保障站点备件灵活调配；统筹内外部资源建立 36 人的冬奥保障专业技术团队，有效补充技术短板；组建冀北区域范围 55 人的应急抢修人员和 8 支光缆抢修队伍，实现 24 小时全天候光缆缺陷的应急抢修响应。团队将"细之又细、严之又严、实之又实"的工作作风贯穿始终，确保了通信网坚强可靠、万无一失。

金燊喜欢研究党的历史，他常说"读史可以明智，知古方能鉴今"，所以他很清醒地知道曾经取得的荣誉只属于过去，更艰巨的任务在等着他。落实党的二十大保电任务、化解老旧设备风险隐患、支撑以新能源为主体的新型电力系统建设，每一项工作都不轻松。他却说："作为一名基层党员，我能做的只有以更加坚定的信念、更加务实的作风凝聚我的团队，开拓进取、守正创新，认真践行'人民电业为人民'的企业宗旨，在新时代新征程中奋楫扬帆、担当作为。"

金光闪闪的正能量

——记"首都劳动奖章"获得者赵振宁

北京奥运安全稳定供电的保卫者

河北蔚县煤田位于张家口地区，于 20 世纪 50 年代就被探明，但由于灰熔点低而一直没人敢用。2007 年，全国经济快速增长带动发电用煤紧张，北京奥运会临近，但专为首都供电的张家口电厂却不时陷入买煤困难的境地，让所有人都揪心不已。为解决这一问题，赵振宁把目光聚焦在蔚县煤上，在整整一年内几乎都泡在张家口电厂和蔚县煤矿上，反复研究、评估蔚县煤灰熔点低的危险性和电厂锅炉设备对这种低灰熔点煤的耐受力。通过一年多对煤种特性的大胆、慎重而又深入的研究，对锅炉设备的逐一排查、隐患治理，赵振宁对煤种特性大胆进行了重新定级，成功劝说电厂预先购入上百万配件，统筹安排好工作节奏，在一个只有 2 周时间的小修时间内，奇迹般完成了通常要一个半月才能完成的核心设备更换与调整工作。机组重新启动后，张家口电厂 8 台 30 万千瓦的机组全部燃用了蔚县煤，成为 2008 年北京奥运会最稳定的电力供应点，赵振宁因此而荣获"奥运保电先进个人"称号。

首都周边地区协同发展的贡献者

2009—2011 年，赵振宁以北京金桥种子项目为依托，帮助锡林郭勒盟上都电厂和塔山电厂 6 台 60 万千瓦发电机组解决了性能低下和带不满负荷的问题。上都电厂 4 台机组为我国专为新煤种锡林浩特高水分褐煤研制的首批褐煤机组，其成败决定着锡林郭勒盟国家级煤电基地是否能够实施。塔山电厂 2 台机组是坑口电站，煤矿中矸石数量远超预估，而使机组燃烧不稳定，出力不足，性能极差，被多批专家定性为非大规模改造无药可救。赵振宁深知这两个项目的困难度，但他更深知首都科技工作者的责任，毫不犹豫地接下任务。三年内，他一次又一次细致、深入地对煤种和设备进行了排查、研究和治理，不断地试验、调整，终使这 6 台机组的实施效果全部大大超出预期，每年节省燃料费 4000 多万元，污染物排放减少 30%。赵振宁连续两年荣获"北京金桥工程一等奖"，为首都周边地区经济协调发展做出了贡献。

服务京津冀蓝天保卫战的科技尖兵

我国控制 NO_x 排放的技术路线是先控制燃烧过程 NO_x 生成量、然后再通过适当喷入氨或尿素让少量生成的 NO_x 还原为氮气。氨和尿素的生产本身就是高污染过程，因而我国 NO_x 控制最关键的是超低 NO_x 燃烧技术。在燃烧中控制 NO_x 的生成并不容易，低 NO_x 燃烧技术实施后，大部分锅炉 NO_x 排放的下降并不稳定，而且锅炉经济性、负荷响应速度也大幅下降、变得迟钝，对电力安全造成威胁从而影响到应用范围。攻克这一难关的艰巨任务再一次落到赵振宁身上，2013—2015 年，他与国内最一流的专家一道深入宁海电厂对超低 NO_x 机组的优化进行攻关并取得极大成功，使我国低 NO_x 燃烧技术领域内，NO_x 排放水平、机组经济性和负荷响应灵活性三项核心指标均达到世界领先水平，并可同时实现。他的研究扫清了超低 NO_x 燃烧的技术障碍，促使超低 NO_x 燃烧技术迅速普及，90% 的 NO_x 得以消减，为我国东部经济发达地区的大气污染治理做出了卓越贡献，研究因此荣获"北京市科技进步三等奖"。

潜心科技创新的研究者

除了正常工作外，赵振宁把业余时间也都献给了热爱的事业。他带领核心团队，总结经验、撰写专利、论文、专著、制定国际、国家和行业标准，把国际标准引进来、我国标准推出去，勤耕不辍，为推动我国节能减排技术水平的整体发展呕心沥血，先后获专利授权 60 多项，制修订国际标准、国家标准、行业标准 15 项，主参编专著 9 部，发表论文 110 多篇，获省部级奖 10 余项，培养研究生 10 名，为万名以上技术人员授课。生命不止，战斗不息，已满 46 岁的他并没有停下脚步，而是依然满腔热血像个小伙子一样奋斗着，光 2018 年一年，他就写、译了 150 多万字的专著准备出版。

赵振宁的优秀业绩和爱岗敬业精神获得大家的肯定，在单位他是连续多年的科技标兵、优秀党员、先进工作者，并先后荣获"北京市西城区文明市民标兵"、"公司先进生产者""领军人才""劳动模范"等诸多荣誉。2017 年他荣获"北京榜样周榜人物"称号，入选"中国好人榜"评选，其事迹被北京电视台、《西城专题报》《国家电网报》等媒体报道，在社会上产生了广泛影响。

勇于创新 甘于奉献 争做新时代电力"工匠"

——记"首都劳动奖章"获得者魏晓伟

勇于开拓 守正创新

魏晓伟扎根变电设备检修工作一线 15 年，在电气试验、绝缘监督技术、变电一次设备安装与检修、缺陷综合分析、故障设备处置等方面有较为突出的能力。他曾带领创新团队先后完成"五小"51 项，获得国家实用新型专利 15 项、省（部）级创新成果奖 9 项，参与编写作业指导书 10 册和检修维护手册 3 项。

魏晓伟作为领军人物参与的"支柱绝缘子机械性能检测与寿命评估技术研究"项目，系统研究了绝缘子机械性能的检测技术，深入剖析了支柱绝缘子断裂机理，研究了多个发热绝缘子的缺陷原因，提出了绝缘子机械性能预防性检测方案和寿命分析方法，为避免支柱绝缘子断裂事故奠定了技术基础，项目成果荣获"国网冀北电力有限公司科技进步一等奖"。

魏晓伟组织开展了无人机变电巡检技术研究系列科技项目，将红外、紫外、噪声、特高频检测、激光扫描等带电检测手段与无人飞行器结合，研发了适用于变电站内的整体绝缘无人机，开创了无人机变电站内安全作业的先河，多次荣获科技进步奖。在带电巡检中勇于创新，发明了绝缘无人机巡检新方式，填补了无人机技术领域空白。

"魏晓伟职工创新工作室"于 2011 年 6 月成立，2018 年被北京市总工会和北京市科学技术委员会联合认定为 2017 年度北京市示范性职工创新工作室。工作室设立了电力技术研究、软件开发、硬件开发、机械加工 4 个专业小组，吸收有相关特长的职工组成专业团队，为公司的职工创新项目提供全面的技术与设备支持，帮助开展理论论证、样品试制、效果评估等工作，大幅降低了职工创新难度，提高了职工创新的积极性。工作室成立至今，广受好评，多次获得荣誉，每年创新工作室接受迎检 200 余人次。2020 年，魏晓伟在北京市总工会、北京市职工技术协会和公司共同主办的第二届"北京大工匠"变电设备检修工（高压组）选树活动中，获得第一名。

勇于担当 甘于奉献

2021 年年底，因工作需要踏入电力运维工作岗位后，魏晓伟迅速调整自己、转变角色，积极适应新岗位。努力提升运维业务水平，脚踏实地一步一个脚印，兢兢业业，无怨无悔地奋战在第一线。怀着为电力事业蓬勃发展而贡献自己青春年华的坚定信念，他靠着一股拼搏、钻研的干劲，用自己夜以继日的付出，扎根生产一线不放松，安全高效完成各项工作任务。

在张家口运维分部所属的六座变电站里，无论哪个站出现紧急缺陷、事故报警，都能在现场看见魏晓伟的身影。作为一名共产党员，他时刻牢记党的根本宗旨，恪尽职守，以增强党员队伍战斗力、提高党员队伍整体素质作为自己的准则，始终以优秀党员的标准严格要求自己。在冬奥保电期间，他发挥了优秀党员先锋模范作用，各项工作冲在前，以顽强、硬朗的工作作风和一丝不苟的工作态度，确保各个变电站稳定运行，圆满完成重大保电任务。

迎战暴雪 护航冬奥

2022年2月12日，张家口地区出现大雪、暴雪和降温的极端天气，降雪过程持续时间长，气温波动幅度大。此时正处于冬奥保电重要保电时段，魏晓伟提前组织制定防范措施，全力应对极端恶劣天气，全面开展设备巡视检查工作，密切关注设备运行情况。带领运维人员按照差异化巡视卡检查运行设备压力和油位是否都在正常范围之内，保护装置是否正常运行，及时掌握站内设备运行情况。根据天气情况及时将异常天气上报，他第一时间制订应急预案，应对降温降雪可能引起的各种突发情况。针对特级保电站万全站、解放站、张南站，魏晓伟亲自到现场对各设备状态、设备标识、套管及绝缘子、设备本体、保护装置及综合系统交直流设备等一、二次设备进行了全面细致的检查巡视，重点检查充油设备的油位、油温情况，保证设备油位、油温满足运行条件，避免出现油位低的隐患情况出现。

2022年3月13日，冬残奥会顺利闭幕，中国代表队在残奥会中取得佳绩，全国人民举国欢庆，魏晓伟坚守到最后一刻，圆满完成为期50余天的冬奥会、冬残奥会保电工作。在这50余天中，他吃住在站里，舍小家为大家，坚守工作岗位，圆满完成了冬残奥保电任务。

忙碌的工作占据了魏晓伟生活的全部，留下陪伴家人的时间实在少之又少，特别是节假日，没有团圆饭，没有精彩节目，更没有亲人的陪伴，对他来说已经是常态。每次谈起家人，他还是会表现出很大的愧疚，父母年迈却不能膝前尽孝，妻子独自挑起家中重担，孩子经常得不到父亲的陪伴，然而面对眼前工作，他甘于舍小家为大家。

在平凡的岗位上挥洒自己的汗水，焕发自己的青春与热情，在岗位上努力工作着、认真学习着、默默付出着，魏晓伟用实际行动践行着"保障首都供电安全，服务冀北地区经济社会发展，服务国家清洁能源发展"的公司使命。